好·奇

提
供
一
种
眼
界

自私的人类

人类如何避免
自我毁灭

The Selfish Ape

Human Nature and
Our Path to Extinction

[英]尼古拉斯·P. 莫尼 著

喻柏雅 译

Nicholas P. Money

北京联合出版公司
Beijing United Publishing Co.,Ltd.

作者序

很高兴我的书能与中国读者见面。自《自私的人类》英文版首次出版以来的这段时间里，我对人类所作的生物学批判遭来了不少反对声。这并不令人意外。人们更乐于阅读那些展现人类的非凡才华之作，沉浸在对由技术创新驱动的美好未来的幻想之中。本书则提供了一个不同的视角，鼓励读者思考生物圈正在崩溃而我们将会消亡的可能性。我的科学家同仁中鲜少有人愿意接受这一结论，大多数神学家和哲学家也在否认这一结论。没有人类的地球这一想法似乎超出了他们的想象力。气候变化是人类面临的首要威胁，地球生态系统所受到的破坏极其普遍，我们的灭绝不可避免。没有自然界的其余部分，我们是无法生存的。

《自私的人类》是我为智人撰写的深度讣告的一出序幕，对人类进行了简明扼要的描述。本书首先介绍了孕育我们的地球的本质，转而讲解我们的进化，我们身体的运作方式，以及制造人类的遗传指令。后续几章则描述胚胎发育、大脑功能和死亡过程。作为一本人类生物学的简明指南，本书值得推荐给任何想要了解我们这个物种的读者。甫一掌握生物学，我们就似乎不可避免地给地球造成了种种混乱。

　　本书是在新冠肺炎疫情全球大流行之前写就的，但病毒传播所带来的混乱并未影响我对于人类文明未来的坚定信念。新冠大流行以及未来的传染病不太可能加快或者阻止智人末日的到来。在历史上的那些瘟疫中，黑死病造成了人类数量最大比例的下降，大约有1亿人于1347—1351年间死亡，欧洲人口可能下降了40%。然而，人口学研究表明，黑死病对人口增长的长期影响可以忽略不计。人类数量在14世纪中叶有所下降，但一两个世纪之后，我们就爬出了人口低谷，增长曲线向上飞起，仿佛什么都没有发生过。在我们这个时代，每个星期出生的人类数量要多于2020年全年与新冠肺炎相关的全球死亡人数。疫情对人类活动的限制降低了化石燃料的消耗，但这对全球变暖的趋势没有影响。只有通过改变幸存人类的本能行为，新冠疫情才能帮助我们避免未来的大灾难。而似乎更可能的情形是，我们会尽我们所能来尽快恢复我们的胡搞。

《自私的人类》旨在接受挑战和激发辩论，我相信中国读者会对我所描述的人类生物学，我所评估的全球环境以及我所预测的文明未来做出各式各样的反应。在本书的最后，我呼吁大家公正地看待自然，并对人类以外的动物抱持更仁慈的态度。我们命运与共，而留给我们的时间恐怕无多。我们会为我们这个物种谱写一曲怎样的天鹅之歌[*]呢？

尼古拉斯·P. 莫尼

2021 年 4 月 1 日

---

[*] Swan song，即中文所说的"绝唱"，这个习语源自古希腊，人们认为天鹅一生都不唱歌，直到临死前才会高歌一曲优美动听的挽歌。（本书脚注均为译者注，各页依次以 *†‡ 标记；正文中出现的数字角标对应每章末列出的参考文献。）

译者序

公元 2020 年 1 月 23 日清早醒来，我打开手机看到武汉"封城"的第 1 号通告，我并不住在武汉，但原定于当天中午从老家坐大巴到天河机场，飞往北京过年。10 时许，天河机场正式关闭，几分钟后，我给华小小编辑回了一封豆邮，表示愿意接受本书的试译，于是就有了摆在读者面前的这本译著。

本书精准地击中了我的阅读品味。书名"碰瓷"理查德·道金斯的科普名著《自私的基因》，可谓先声夺人；目录则由工整又切题的十个 G 打头的单词领衔，展现精致巧思。它既有充实的科学知识，又有深刻的人文关怀，锦上添花的则是作者文采飞扬的雄辩笔法和令人莞尔的英式幽默。如道金斯所言："阅读本书是纯粹的文学上的愉悦。"每每翻译至兴起，我真想把那些"散文诗式意象"的段落拎出来高声诵读；直到最近修订编辑发还的译稿时，那些段落依旧让我心潮澎湃。

近年来国内兴起两类科普书，一类走文艺路线，擅长华丽辞藻引君抒怀，一类走搞笑路线，擅长插科打诨博君一笑。如果科学知识得靠诗意修辞或撒娇卖萌才能吸引读者，那么读者往往只是收获了感动或欢乐，却未必吸收了知识本身。对于作者，这样的创作手法是舍本逐末；对于读者，这样的阅读体验是买椟还珠。科普作品的文笔本不必与文学作品媲美，信息翔实、逻辑清晰、论证充分、观点思辨等特点和魅力，足以成就一部伟大的科普佳作。首先彰显科学素养，再来施展文学造诣，我希望本书能为"人文科普"树立一个新标杆。

作者在这本书里可谓"左手玩梗、右手用典"。一边是酣畅淋漓地运用隐喻、夸张、排比、幽默、讽刺、双关等修辞手法增强论证，一边是信手拈来小说、诗歌、戏剧、哲学、史学、科学等领域的经典句段配合说理。这些梗和典读来丝毫没有生硬或卖弄之感，而是恰到好处，有些简直拍案叫绝。文字上的细腻隽永与科学上的扎实严谨在书中相映成趣，两者可谓平分秋色，它们和谐地服务于一个目的：揭示"自恋人"的本性及其不可避免的毁灭之路。

这就说到了本书主题。不少读者误解了《自私的基因》，从书名望文生义——道金斯本人就承认书名极具误导性。基因作为一种化学物质，既没有思维也没有情感，不可能是自私的；相反，它完全是盲目的，不具有任何动机或意志来驱动自己的复制行为，是自然选择这个科学原理让有利于个体生存的基因得以延续。相较之下，本书书名《自私的人类》倒是名副其实。

人类的"自私"在于，作为一个物种，一味追逐自身的享乐和繁衍，造成地球环境千疮百孔和其他物种生灵涂炭。套用臧克家的一句诗："有的物种，他活着别的物种就不能活。"即便是站在人类中心主义的立场上，我们也必须清醒地认识到，这种过度纵欲和消费主义的生活方式，终究会让我们自己深受其害。如果别的物种都不能活了，人类离灭亡也就不远了。此处没有任何危言耸听，本书即为一部写给人类的警世通言。

事实上，警钟已经不断在我们头上敲响。就在我因疫情禁足在家翻译这本书的一个月时间里，延烧两百多天的澳洲丛林大火才彻底熄灭，东非广袤农田遭受着遮天蔽日的蝗虫肆虐，南极测得破历史纪录的最高气温……这些接踵而至的自然界极端异象，都少不了人类活动的巨大"贡献",形容它们是"大自然对人类的惩罚"绝非只是一种修辞。各种灾难带给我们的教训难道还不够深重吗?人类到底什么时候才能惊醒过来呢?

当本书的翻译接近尾声,伴随书中描述的那些触目惊心的人类破坏行径,我着实脊背发凉,心情愈发沉重。一想到自己正是这个卑劣物种中的一分子,我觉得无地自容。我一向认为,对于任何重要的科学或社会议题都不应该止步于清谈,就如同这本书带给读者的不应该只是反思,而是要付出实践、行动起来。

"珍爱地球,保护环境"从来就不只是一句口号,我们可以从身边的一点一滴做起。人类的伟大,正在于我们摆脱了兽性、拥有了人性,可以反抗自私的基因的"暴政",去顾及整个自然界的福祉。如果这本书不仅能够改变你的思想,而且能够改变你的行为,那就是对作者最大的褒奖,也抵得过为了出版它所造成的碳排放了。

接下来交待翻译工作。

首先解释一下中文版书名《自私的人类》与英文版书名 The Selfish Ape 的差异。在非科学语境及旧时生物学中,ape 一词泛指除人类以外的所有人猿超科动物,中文称"类人猿";而在现今的科学语境中,ape 包含人类在内,英文版书名中的 ape 即取此义。为避免理解上的含混，经过编辑部讨论，决定在中文版书名中亮明本书主角"人类"。

本书译成之后，我把英文版的十余处错误或不当表达，以及未能完全吃透的"梗"，发邮件与作者进行了讨论。对于前者，作者给出了修改方案或意见，我则据此调整了译文，如无必要，不另加注说明；对于后者，我尽量做到在吃透之后让译文能直接体现梗的精髓。值得一提的是，作者在回信解释那几处梗时，都是基于上下文确切指出某个梗的对应关系并作何理解，这也佐证了作者写作时的逻辑缜密，让文学修辞与科学论证结合得严丝合缝。

对于译者注的添加，我认同曹明伦老师在《英汉翻译二十讲》中提出的六大原则，当注必注，且不为注而注。加注的目的是帮助读者更有效地理解正文，而不应该喧宾夺主地沦为阅读正文的干扰项。比如书中出现的各种梗，除非文化差异太甚，我一般都不加注解释，译者不应该剥夺读者通过阅读自行破梗的乐趣。这次修订译稿的过程中，我还特地删掉了几个注释又精简了一些注释的表述。希望这些考量不会被读者当成是我的懒惰。需要提醒的是，各章末列出的参考文献中包含了作者注，其中一些颇有信息量——正文有些地方没加译者注，就是因为作者注已经解释过了——读者可别错过了。

全书引用了数十本各领域经典著作，绝大多数都有中文译本面世，而只要译本质量上佳，我就会直接录用现成译文。之所以这么处理，首先，是想向这些译界前辈致敬，珍视前人的创作价值，展示他们的优美译笔；其次，从技术上来说，对于那些缺乏原作整体语境的只言片语的引用，冒然硬译不可取，像诗歌这种文体更不能胡来，前辈们可是把整本书吃透了才译成的；再次，我在译书过程中反复感念人文作品的精神力量，特别是它们对人格的塑造，作者就是一个活脱脱的文理兼修的好学生，附上中文译本信息，也可起到一点推介之功。

鉴于本书具有鲜明的文风，译文在保证通达的前提下，尽可能贴合作者的文风，适当保留了一些长句。那些文学语境中的长句，可以展现原文雄辩的气势；那些科学语境中的长句，可以展现逻辑思维的魅力。此处再次援引曹明伦老师的观点，用中文也是可以写出优雅长句的。我希望读者能从咀嚼这类长句中享受到荡气回肠和心花怒放。其实有些长句恐怕英文母语读者都会觉得"烧脑"，译者不应该自作聪明地降低其理解难度，而中文读者本来也不低英文读者一头。

本书作者莫尼教授是一位生物学家，已经出版过十多本科普著作，这是他的书第一次译介到中国。莫尼教授非常关心中文版，甚至主动来信询问出版进度，他还爽快地接受了我的请求，欣然为中国读者写下千字序言。但愿我的翻译没有辜负他的关切，能让大家领略到他的风采。全书知识点涵盖物理学、宇宙学、化学、地球科学、医学，特别是涉及了生物学全部主要分支学科，在专业术语的翻译上若有疏失还盼方家指教。我的电子邮箱是：yuboya@live.com。

今日正逢清明，"宿草春风又，新阡去岁无。"惟愿在新冠大流行中罹难的所有逝者安息。

喻柏雅谨识

2021 年 4 月 4 日

目 录

作者序 / i

译者序 / v

前 言 / 1

G 第一章
Globe

地球：生命如何出现 / 9

G 第二章
Genesis

创世：人类如何登场 / 27

G 第三章
Guts

内脏：人体如何运作 / 45

G 第四章
Genes

基因：人体如何组装 / 65

G 第五章
Gestation

孕育：人类如何出生 / 83

Genius 第六章 天赋：人类如何思考 / 101

Graves 第七章 坟墓：人类如何死亡 / 121

Greatness 第八章 伟大：人类如何搞定 / 141

Greenhouse 第九章 温室：人类如何搞砸 / 159

Grace 第十章 感恩：人类如何谢幕 / 179

致 谢 / 197

前　言

> 那些因其天才而成为时代之光的诗人、哲学家或艺术家，其尊贵身份会因为一种无可置疑的历史可能性（如果称不上是必然性的话）——他们是某些赤身裸体、凶残兽性、智谋只是刚好比狐狸狡猾且又比老虎危险得多的野蛮人的后代——而遭到贬低。这个说法真的成立吗？
>
> 托马斯·赫胥黎
> 《人类在自然界的位置》（1863）

这是一本关于我们是什么的书。早晨看着浴室里的镜子，我会不时地被镜中那只向我眨巴眼的动物的愚蠢所震撼。当这一天的前景看上去异常光明时，镜子就会框出一位"发笑的绅士"*，但更常出现的是一个颇为忧郁的生物。不论镜中映出的是什么，我在拉抻皮肤上花的时间，或者因为对即将到来的死亡感到恐惧而再睡上一天，都意味着某种程度的虚荣。在我们这个极度专

---

* 《发笑的绅士》（*The Laughing Cavalier*）是 17 世纪荷兰著名肖像画家弗兰斯·哈尔斯（1581—1666）的名作，收藏于伦敦华莱士收藏馆。

注自我的时代，我个人相对来说没有那么以自我为中心，但不久前我写的一首歌的确主张了不同的看法。它适合在一座维多利亚时代的音乐厅里由一位极具艺术感受力的年轻人用高腔来演唱。第一段歌词是这样的：

> 我今天的生活多残酷
>
> 没有名气也没有财富
>
> 我只能做到勉强糊口
>
> 试着勇敢点儿向前走

我不想再说我自己了。我们所有人都属于非洲猿的一个物种，1758 年，卡尔·林奈用拉丁名 *Homo sapiens*，即"智人"，指称该物种。[*] 他当时一定对我们人类的才智充满了信心。某种贯穿人类历史的奇特思维让我们对人类在自然界中的重要性产生了最为诡异的错觉：我们极其坚定地认为人类比生物界的其他生物更好，而且我们正通过技术领域的才智打造着更加光明的

---

[*] 在此对全书涉及的关于人的生物分类学术语做统一说明：猿（ape）是灵长目人猿超科动物的通称；人猿超科现存两个科，其中之一是人科，其成员通称大猿（great apes）或人科动物（hominids）；人科分为两个亚科，其中人亚科下有人族，其成员通称人族动物（hominins）；人族下有人属（*Homo*），现仅存智人，而本书提到的其他古生物学上的"某某人"均已灭绝。

自私的人类

未来。

根据一位广受欢迎的思想家的观点，我们已经成为一种具有神力的新版人：神人（*Homo deus*）。[1] 在当下21世纪，我们的集体智慧如此短缺，国际社会却把精力投入到自我沉溺中，似乎自我中心人（*Homo egotisticus*）是更合适的称呼；或者，还有比它更合适的——自恋人（*Homo narcissus*）。

本书读者可能对纳西索斯（Narcissus）的神话梗概很熟悉，但重温一下也许有所助益。正如古罗马诗人奥维德在他的作品《变形记》中描述的，纳西索斯是水泽仙女利里俄珀年轻俊美的儿子。无数少男少女，以及森林和水中的精灵，都被这个年轻人迷住了。纳西索斯很享受大家的关注，但他傲慢地拒绝了所有的求爱。其中一位被拒绝的男性崇拜者祈祷纳西索斯应该受到惩罚，尝尝自己也被拒绝的滋味，这个愿望得到了复仇女神涅墨西斯的切实满足。在森林里寻觅休息之处时，纳西索斯被清澈河水中自己的倒影迷住了。他深深地坠入了爱河，为自己不能拥抱这位令人目眩神迷的年轻人而感到恼火，过了一会儿，他意识到他渴望的对象就是他自己。这一发现非但没有让他回过神来，反而加深了他的欲望。他痛苦到无法忍受，毅然决然地选择了死亡。

在我们感觉自己比这个可怜的少年高明之前，不妨先想想，他将自我专注置于自我保护之上的行为同样适用于今天的人类，因为我们已经证明了自己没能力或者说不愿意对抗气候变化，这是奥维德做梦都想不到的自恋表现。我们就是宇宙的破坏者。在 18 世纪，爱德华·吉本出色地写就了《罗马帝国衰亡史》；然而，未来将不会有历史学家撰写《地球衰亡史》。在林奈之后三个世纪，我们已经掌握了所需的全部证据来给自己重新命名：

Homo narcissus: illa simiae species Africana ab origine quae adeo orbem pervastavit terrarum ut ipsa extincta fiat. [2]

自恋人：起源于非洲的猿类的一个物种，破坏了地球的生物圈，从而导致了自身的灭绝。

人类应该更客观地看待自身，理解我们是什么和不是什么。这本小书就是一部用于重新校准的装置。从我们在宇宙中的位置开篇（第一章），接下来是我们的微生物起源，我们的身体如何运作，以及我们如何被编码在 DNA 中（第二章至第四章），再由此进入对人类生殖、大脑功能以及衰老和死亡的探讨（第五章至第七章）。第八章和第九章讲述了人类的伟大与失败相交织的现象；我们智力上的伟大来自实验科学，但在理解和操纵自然方面的进步则是以破坏地球表面为代价的。无论以什么标准衡量，我们的行为都相当糟糕。第十章思考文明的命运，希望通过面对真相，我们将会超越自我专注、脱离自恋人，并提供一些救赎来为智人这个称呼正名。

拥有如此出色的大脑，使得人们很容易相信，天大的问题也能得到解决，技术将会拯救我们，而小鸡利肯*错了。P. G. 伍德豪斯†非常温和地指出了这种想法的轻浮：

> 事实上我不能完全肯定，但我非常相信这是莎士比亚……说的：正当一个小伙子感觉特别良好，并且比一般情况下做了更充分的准备之

---

* 《小鸡利肯》是西方广为流传的一则儿童寓言故事，讲述一只小鸡因为被一棵橡树上掉落的橡果击中，就以为世界末日到了，于是跑去警告大家天要塌了。1981年上映的国产动画片《咕咚来了》即以这个故事为蓝本。

† 伍德豪斯（1881—1975）是英国幽默作家，他创作了一系列关于虚构的英国管家吉夫斯的幽默故事，下文即出自其中一篇。

时，命运女神总会拿着一根铅管悄悄地出现在他身后。[3]

时钟在嘀嗒作响。四骑士*在地质学上一眨眼的时间里就会来到这里。

---

* 四骑士出自《圣经·启示录》。在世界终结之时，羔羊（耶稣）揭开书卷的七个封印，唤来四位骑士将征服、战争、饥荒和死亡带给接受最终审判的人类，随后便是世界的毁灭。

参考文献 | 前言

1　Yuval Noah Harari, *Homo Deus: A Brief History of Tomorrow* (London, 2016).

2　我对物种描述的拉丁语译文是由圣约瑟夫山大学的古典学学者、荣休教授 Michael Klabunde 给出的。

3　P. G. Wodehouse, *My Man Jeeves* (London, 1919), Chapter Two.

第 一 章

Globe

地球

生 命 如 何 出 现

我们一生中的多数时候都生活在地球的表面，与大地相连，与大气相通。我们在陆地上行走、跑动、安坐、入眠。从初次呼吸到最后断气，我们吸入和呼出的都是一种混合气体。我们所有的同伴，从最大的鲸鱼到最小的病毒，都生存于地球生物圈厚达 20 千米的肌肤之中。[1] 在生物圈之上的高层大气中，即使最具适应力的有机体也会干枯，被太阳烤成薄脆。在生物圈之下的地壳深处，下层地幔辐射出的热量会让生命绝迹。

　　地球上的生物活动需要许多物理特性的支持。地球在离太阳一定距离的"金发姑娘"[*]轨道上运行，使得

[*]　Goldilocks，这个习语源自 19 世纪的英国童话《金发姑娘和三只熊》，意为不多不少刚刚好的一种平衡状态。

水可以形成液态：既不会离太阳太近导致沸腾蒸发，也不会离太阳太远导致结冰凝固。太阳是一颗中等大小的中年恒星，被宇宙学家归类为黄矮星。黄矮星如同一座核反应堆，将氢原子聚变为氦并释放出大量能量。我们的太阳已经46亿岁了，它还将继续燃烧50亿年，直到氢燃料耗尽，膨胀成一种较弱类型的恒星——红巨星。在成为红巨星之前大约10亿年，老化的太阳会变得愈发明亮，其可怕的白炽将永久地毁灭整个地球生物圈。

如此看来，出生在太阳光照正合适的时代是多么幸运啊！另外，因为我们的星系——银河系——几乎和宇宙一样古老，所以它含有生命所需的化学物质。构造我们蛋白质骨架的碳原子和其他有机分子，要到大爆炸（Big Bang）后出现的第一批恒星爆炸形成超新星之后才会形成。在宇宙史进入到约第30亿年时，这些"烟花秀"开始回收星尘，孕育出含有更重元素的下一代恒星。之所以目前存在大量的碳原子和各种更大的原子，是因为银河系经历了许多次恒星坍缩和爆炸的循环，使其自身充斥着这些元素。[2]

如果太阳没有像现在这样运行，如果银河系没有古老到形成各种化学成分来构造生物体，那么我们就不会出现在这里。一些科学家通过更深入的物理和化学研究，

自私的人类

认为宇宙是被精细地调适到了一种支持生命的状态，引力就是此类幸运特性的其中一个例子。如果引力稍微弱一点，那么物质从一开始就不可能被压缩成恒星。反之，更强的引力则会阻止宇宙膨胀，并在大爆炸后不久就以大坍缩（Big Crunch）结束庆典。

当我们发现上述关于物理世界命运的思考依赖于一种循环论证时，这些观点就不那么有力了。与其相信宇宙是为了我们的利益而组织起来的，不如考虑使生物适应现有环境的生物学机制来得有意义。每一种动物、植物和微生物的每一个特征都非常适应在这个星球上生活。而为了支持这一认识，我们在150多年前查尔斯·达尔文解释自然选择的机制时就已经确切地知道这一切是如何实现的了。进化不需要任何循环论证来证明其合理性。

进化的机制无处不在，它可能在每一个"金发姑娘"行星上都激发出某种形式的生命。而与上述精细调适论调相关的人择原理声称，宇宙必须与某种形式的意识相容——如果没有生命能理解宇宙的话，宇宙就不会存在。这是另一个既没法驳斥，也没法认真对待的循环论证。

像我们这样的动物所拥有的意识正是进化的产物。我们可能将拥有意识视为一种幸运的特质，但不需要太多想象力，我们也能把拥有意识视为一种普遍的诅咒。比如，意识到地牢里将要发生糟心事的因犯，是否会更情愿忘记这些事？[3] 不要对生活和其他方面太过吹毛求疵，毕竟谁都不是自己主动降生到这个世界上的。确实有些现代哲学家认为，一个人所能做的最糟糕的事情恐怕就是成为生身父母，它引出的一个很大的问题在于，越来越多能吃苦的生物的降生增加了整个宇宙的集体惨状。[4] 这种精神上的担忧与更实际的议题——数十亿人类造成的环境破坏——相重叠。

撇开父母身份所包含美德的可疑性，诸如宇宙赋予我们特权和我们享有宇宙特权的想法，暴露了我们这一物种令人震惊的傲慢自大。无论人类是否存在，地球都将以每小时 1670 千米的速度绕其极轴自转，并以每小时 10.8 万千米的速度绕太阳飞行，同时整个太阳系围绕银河系的中心快速运动。[5] 所有这些轨道运动都起源于星际尘埃和气体的云团，这些云团随着质量的聚集而变得斑驳。随着越来越多的物质在引力作用下朝着这些重金属块会聚，致密的岛状物成长为新的恒星。每颗恒星都伴有环绕其公转的行星，每颗行星都绕着自身的轴旋转。行星是形成恒星的致密气体盘的残留物，它们会继续围绕恒星和整个星系高速旋转，因为它们的运动在太

自私的人类

空中没有受到任何阻碍。

我们行走、跑动、安坐、入眠在可观察到的宇宙的中间，在银河系的猎户座旋臂上，在太阳的第三颗行星上。这个显而易见的位置没有任何特别之处。只是不管朝任何方向我们都只能看这么远，任何居民都可以通过肉眼或射电望远镜发现自己总是处在一个球体的正中心。想象自己坐在海里的一艘皮艇上，离陆地太远以至于看不到任何海岸线，你可以向外划很久，却看上去仍然待在一个大圆圈的中间。海洋的圆圈和宇宙的球体会随着观察者而移动。银河系当然有可能位于卵形宇宙的其中一端，但我们并不知道答案。

如果我们更频繁地思考我们在宇宙中的位置，是否会产生广场恐惧症？又或者，幽闭恐惧症会成为导致人类普遍惊恐发作的一个更自然的原因？斯蒂芬·霍金似乎受到幽闭恐惧症的影响，他建议我们紧急制订一个星际逃生计划。[6] 不幸的是，他没有建议我们如何才能在不被超新星辐射炸成碎片的情况下，将自己推进到数万亿千米远的太空。真正支持这种计划的宇宙应该包含更少的宇宙射线，如果有星际宇航员专用的餐厅那就锦上添花了。就目前的情况而言，我们似乎并不是所有这些基于引力的创造性工作的预期受益者。

直到科学开始取代亚里士多德的经典宇宙观之前，我们一直认为星星是画在一只水晶球上的，白天被太阳光照亮；当太阳落到地平线以下时，它们的光芒变弱了。我们可能以为这个装饰性的拱顶离我们很近，就在云层之上不远的地方。哈姆雷特认为这"璀璨高悬的昊空"是"一团混浊的毒气"*（第二幕，第二场），而弥尔顿在银河系中欢欣鼓舞，"银河如同一片旋转的地带，你夜夜看见，上边装饰着圆圆的星点"（《失乐园》，第七卷，第580－581行）。一颗明亮的彗星缓缓经过，它炽热的尾巴划过静止的地球上方的天穹，这会引发人们的担忧——那里肯定发生了很多事情。一些星星出现在相对于彼此的同一位置，另一些则每晚从一处移动到另一处：水星、金星、火星、木星和土星——弥尔顿笔下的"另外五颗漫游的星星，挪动着神秘的舞步"（《失乐园》，第五卷，第177－178行）。†一切似乎都为我们安排好了，某种我们无法理解的力量让这有迹可循的天空充满

---

* 此处译文出自梁实秋翻译的《哈姆雷特》。梁实秋以一己之力翻译完成了总共40部作品的《莎士比亚全集》（远东图书公司，2002），本书后文引用的《辛伯林》《温莎的风流妇人》《亨利五世》译文皆出自其手。

† 此两处译文出自刘捷翻译的《失乐园》（上海译文出版社，2012），稍作调整。弥尔顿（1608—1674）是著名的英国诗人、政论家，其代表作《失乐园》取材自《圣经·创世记》，以史诗的磅礴气势揭示了人的原罪与堕落。本书后文又多次引用了《失乐园》。

活力。我们立刻被诸神征服，他们感兴趣于我们所做的每一件事，我们则因他们的兴致而获得力量。

17世纪，人类开始跨越"过去如僧侣般受蒙蔽的巨大鸿沟"，迈向客观探索自然的现代。[7] 以1632年出版的伽利略的《关于两大世界体系的对话》和1687年出版的牛顿的《自然哲学的数学原理》为界，宇宙学成为紧锣密鼓的科学研究的主题。伽利略踌躇满志地提出地球绕太阳公转的观点，反之则不然。牛顿推导出维持行星轨道的运动定律和引力定律。如今四个世纪过去了，我们对大爆炸之后的宇宙的物理学已经有了坚实的认识。虽然在时间开始的瞬间——称作普朗克时间——的物质运作方式仍旧令人费解，但我们无疑已经走出了很长一段路。[8] 我认为，对于我们大多数人来说，无需操心宇宙诞生的细节，已经足够理解生命的意义。宇宙就在这里，我们住在其间。

我们已经确定地球是一个适合居住的地方，或者说它应该是一个适合居住的地方——如果人类所犯的错误全都不存在的话。地壳顶部的环境条件变化很大。71%的地表被咸水覆盖，其余的大部分土地都高于水面，被森林和草原绿化，或者被沙漠褐化和黄化。人类在极地气候或温度远高于50℃的炎热沙漠中无法生存繁衍。

在加州死亡谷这样的地方，持续的补水可以让最健康的人在一天的徒步旅行中保持活力，但这种环境考验着人类适应力的极限。

来自太阳的紫外线是另一种风险，我们依赖于平流层中3毫米厚的臭氧薄层的保护。如果没有这种仁慈的气体，除非我们在洞穴中寻求庇护，否则我们皮肤中的DNA将被紫外线破坏到无法修复的地步。臭氧的存在可被视为又一个例子，证明这个世界是所有可能的世界中被精细调适到最好的那个。[9]跳过这种一厢情愿的想法，科学事实是臭氧层就在这里，我们在它底下进化，变得刚好适应需要忍受的外来辐射量——至少在我们用制冷剂削弱臭氧层的防护之前是这样。

生物学发生在生物群落中，不同的生物群落包含不同的植被和相应的野生动物。生态学家划分出十余种生物群落，包括热带阔叶林、温带草原和红树沼泽。地球上大量的自然植被已被谷物农业取代，谷物农业通常在曾经繁衍生息过大量野生动物的地方最见成效。大城市也在天然绿洲之中蓬勃发展，尽管许多人还生活在炎热的沙漠中，那里的淡水由灌溉装置和海水淡化设备提供。

我们的福祉依赖于能否获得干净的——至少是相对干净的——水和空气，以及各种水果和蔬菜。食用动物是人类历史上亘古不变的一个特色，但如果没有肉可吃，或者出于伦理、经济和环境的原因不能吃肉，那么我们可以选择吃素。肉可有可无，但没有植物我们就什么都不是。植物在人类事务中具有压倒性的重要性，对它们的研究理应受到如现代大学和学院对商学和会计学那般的尊敬。获得一个商学学位所需的智力基础薄如蛛网。"知识就是力量"被刻在通往我所在大学商学院的石路上。此语出自政治哲学家托马斯·霍布斯之口，最早出现在 1668 年拉丁语版的《利维坦》中，写作 *scientia potentia est*。[10]* 在这部伟大的著作中，霍布斯提出，科学或客观知识的重要性在于它的实际应用，他应该会为自己的格言与投资银行家颇为不幸的抱负联系在一起而暗自发笑。

无论如何，21 世纪有教养的公民应该对我们赖以生存的植物学基础有所感激。每个人都应该能够试着解释食物是从哪里来的，正确的答案不应该止步于"杂货店"或"超市"。这个过程始于熵、终于糖。熵，是指把一切都搞得一团糟的物理过程，它适用于将书架上摆放着

---

* 一般认为格言"知识就是力量"出自英国经验主义哲学家弗朗西斯·培根（1561—1626），但他的所有英语或拉丁语著作中并未出现过此语，只在其《圣思录》中有"知识本身就是力量"（*ipsa scientia potestas est*）一语。霍布斯在年轻时做过培根的秘书。

书籍的图书馆转变成地震后的一堆瓦砾，也适用于未来将我的骨灰撒在科罗拉多州东部的矮草草原上。在更广泛的尺度上，自大爆炸以来，整个宇宙中无序或熵的程度一直在增加。一些神创论的信徒会问：如果熵随着时间的推移而增加，我们应该如何解释像松鼠这般复杂的东西呢？答案在于宇宙中更广泛水平上的混乱。一只松鼠就是一座有序的岛屿，它的活力与太阳中日益增长的无序相平衡。如此，啮齿类动物和恒星通过光合作用联系在了一起。

从太阳发出的光子是其衰变的产物。这些能量包到达地球所需的时间是 8 分 19 秒，到达木星是 43 分 15 秒，到达距离太阳最近的恒星比邻星则还有不到 4 年 3 个月的时间。照射在地球上的薄薄的光束大约有三分之一被反射回太空，使得在任何其他地方都能看到地球，其余的光则沐浴在大气、陆地和海洋中。陆地上的植物和海水中的微生物通过叶绿素来利用可见光进行光合作用。

叶绿素分子的形状就像一只风筝，有一个平坦的表面拦截光线，以及一条长长的尾巴让它保持在细胞内的适当位置。绿色波长的光被叶绿素反射，这就是植物看起来是绿色的原因。叶绿素受到蓝光和红光的激发，并利用其结构所传递的能量将水分子解开。在这个过程中发生了两件了不起的事情。首先，它释放出我们呼吸所需的氧气。其次，它会产生称作电子的带电粒子，植物用这些电子来为二氧化碳的捕获和糖的合成提供燃料。

糖分子是生命的原料。植物消耗一部分通过光合作用产生的糖来满足它们自身的能量需求。一些糖以带有甜味的形态储存在甜菜和甘蔗等植物中，另一些则结合在一起形成更大且无味的分子——对植物体起支持作用的多糖。动物吃植物，把植物成分转化为动物组织。生命之轮就是这样转动的。

同样具有光合作用奇迹的水生微生物包括藻类和特定种类的细菌。海洋和淡水动物依赖这些微生物的方式与陆地动物依赖植物的方式相同。陆地上和海洋中的大多数物种都是通过产糖的有机体和耗糖的有机体之间的交互作用而与阳光联系在一起的。牛羚（也称作角马）吃草，狮子吃牛羚。"太阳→草→牛羚→狮子"是一条简单的源自太阳的能量保管链，可与"太阳→藻类→磷虾→须鲸"这条链相媲美。真菌和许多不进行光合作用的细菌会消化植物和动物死后的残骸，但是，无论这一顿吃的是活物还是死物，其中的能量最初都来自叶绿素吸收的阳光。普罗米修斯从奥林匹斯山上盗走了火，叶绿素则从我们的太阳上取走了光。

自然界还孕育出了在没有阳光的情况下也能完全自给自足的微生物，即化能营养型生物。化能营养型生物通过从单个硫原子和铁原子以及包括氨和硫化氢在内的简单分子中获取能量来谋生，它们大量生活在深海海底称作热液喷口的"热水烟囱"周围，以及动物肠道等相对不那么稀奇的地方。肠道微生物之所以有趣，是因为它们让从植物到食草动物再到食肉动物的能量转移变得复杂。牛羚依靠肠道微生物来消化草，而狮子肠道中培养的菌群有助于分解牛羚的肉。

人类在这个陆地马戏团中扮演着特别重要的角色，因为我们有太多的人，也因为我们的技术能力使得我们能够以其他物种无法企及的方式改变生物圈。统治伴随的是责任，但我们身为托管者的工作一直做得不够。如果不能改变习惯，我们必将成为化石记录中最薄的一抹涂片。而生物圈将继续存在，即便我们坚持破坏环境，让体型较大的所有动植物都不再适宜居住于此，地球也会被微生物清洁干净并重新繁衍。我们再怎么折腾也无法让所有微生物灭绝。太阳在发出过亮的光芒之前，还有超过10亿年的优雅状态，进化意义上的未来的孩子

们有足够的时间重建我们的家园，那会把我们放在人类
应该处在的位置上。

参考文献 | 第一章

1 肌肤是一个有用的比喻。相对来说，对于体型最大的人，其皮肤表面以下的组织与地球内部的深度一样深。生物圈的平均厚度为 5 千米，而地球半径为 6371 千米，这意味着生命存在于地球最外层，只占 0.3% 的厚度。人的皮肤厚度范围从 0.5 毫米到 4.0 毫米，一个腰围 200 厘米的人，他的内半径为 32 厘米。一个被包裹在 1 毫米厚的皮肤里的人就是一个鲜活的行星几何模型。如果我们喜欢在数量级之间进行比较，那么腰围较为适中的人的皮肤与组织厚度的比例，跟地球生物圈与地球内部厚度的比例大致相等。

2 当像太阳这样中等大小的恒星坍缩时，以及更大的恒星爆炸成为超新星时，就会形成碳。像金和铀这类最重元素的形成可能需要中子星的参与，中子星的碰撞释放出比超新星更多的能量，并通过引力波扰乱空间结构。

3 古罗马元老院议员波伊提乌认为，在坐牢期间最好处于冥想状态。523 年，他因叛国行为被软禁于意大利北部，并遭东哥特捉拿者棒打致死。在软禁期间，他从古希腊哲学中寻找到慰藉，写下了《哲学的慰藉》一书。*The Consolation of Philosophy*, trans. Patrick G. Walsh (Oxford, 1999).

4　参见 David Benatar, *Better Never to Have Been: The Harm of Coming into Existence* (Oxford, 2006).

5　银河是一个中等大小的旋涡星系，我们以每小时超过 80 万千米的速度在其中旋转，转一整圈需要 2.3 亿年。

6　参见 Roger Highfield, 'Colonies in Space May Be the Only Hope, says Hawking', www.telegraph.co.uk, 16 October 2001.

7　这个短语出自剑桥大学英语文学教授 Basil Willey（1897—1978）。

8　普朗克时间被物理学家视为能够具有意义的最小时间间隔，它是光在真空中经过一个普朗克长度距离所需的时间。一个普朗克长度是 1.62×10^{-35} 米，一个普朗克时间，或一个普朗克秒，持续 5.39×10^{-44} 秒。普朗克时间和普朗克长度的单位是由德国物理学家马克斯·普朗克（1858—1947）提出的。

9　没有受到破坏的臭氧层区域的厚度仅 3 毫米。"所有可能的世界中最好的世界"这一论点出自德国哲学家戈特弗里德·莱布尼茨，伏尔泰在他的著名小说《老实人》中对此进行了讽刺。

10　Thomas Hobbes, *Leviathan*, ed. Noel Malcolm (Oxford, 2012), vol. II, p. 135.

第 二 章

Genesis

创世

人 类 如 何 登 场

我们人类是如何获得对地球的短暂占有权的呢？奥维德在他的《变形记》中提供了我们创世的两个版本。第一个方案是一位神秘的创世主——"他创造了世界"——用神圣的种子制造了我们；第二个方案是由一位仙女的儿子普罗米修斯（类似纳西索斯）创造的，他把泥土和水混合在一起，用这种黏土按照神的形象塑造了我们："因此，泥土本是朴质无形之物，瞬息之间却变成了前所未有的人的形状。"[1]*对这个泥巴塑人的故事的演绎同样出现在了苏美尔神话中，以及非洲约鲁巴人的口述历史中。灰尘和黏土也是《圣经》和《古兰经》

---

* 此处译文出自杨周翰翻译的《变形记》(上海人民出版社，2016)。

中的上帝所使用的材料。

所有这些关于创世的神话都包含一种逻辑和美，它们让我们如此彻底地扎根于这个星球的物质基础之上。我们来自这个地方，我们由这里的尘土雕塑而成，充满了生命力。直到生物学家成功地揭示产生第一批细胞的原始机制之前，我们不得不满足于这些对人类最初历史的模糊描述，就像大爆炸的迷雾和随之而来的物理学上的澄清；而生物学可以声称的是，一旦第一批细胞就位，它就对包括人类在内的动物的诞生做出了丰富且非常令人满意的解释。所有的生命都共享这个普遍的诞生过程。

我们是猿类的一个物种，这个关于生命的事实如今就像地球绕太阳运行的椭圆轨道一样确定。但是，由于我们出现在灵长类教科书中可能会让一些神学家感到不安，这种对人类的分类方式尚未深入人心。启蒙需要更深入的探究和更大胆的想象，而不仅仅是接受一个并不令人惊讶的结论，即看起来明显跟我们很像的动物是我们的近亲。

为了找到我们最深的祖先根源，让我们从时间旅行中的一次脑力练习开始。约瑟夫·康拉德在《黑暗的心》中计划了一次同样具有挑战性的冒险之旅："沿着那条河逆流而上，就像回到了世界最初的洪荒，那时地球上植被丛生、大树成王。"[2]但我们必须追溯到更远的地方，回到根本没有树的时代。如果从21世纪往回退1亿年，我们就会听到白垩纪中期的鸟鸣声；再往回退1亿年，将把我们带到侏罗纪的开端，那里有冠翼龙在热带雨林中翱翔；再退一步，我们会发现自己走在石炭纪末期充满巨型昆虫的高氧森林中；再多退一步，我们就会到达4亿年前泥盆纪鱼类繁盛的大海里。我们依然可以再往回退1亿年，遇见寒武纪大爆发的怪异动物群，但这仍然只走了一半旅程，最终要经过10亿年的艰苦跋涉，我们才能找到最早的可区分的动物样有机体的起源。

我们人类有许多祖先，在过去的时间里一路排开，一直回溯到神秘的第一批细胞的出现。在生命发端大约二三十亿年后，动物无疑是从极微小的东西中发展而来的。这种蠕动着的祖先是一种特殊的有机体，因为它是唯一一个所有后代都是动物的物种。我们有充分的理由认为，这些祖先类似于称作领鞭毛虫（choanoflagellates）的微生物。[3]领鞭毛虫如今既可生活在咸水中，也可生活在淡水中。它们看起来有点像精子，只是多了一个圆锥形的领子环绕在尾巴基部，并通过基部附着在细胞体上。尾巴称作鞭毛；领子则由一圈微绒毛构成，微绒毛就像我们小肠细胞表面的小指状绒毛。

鞭毛和领子通过以下方式协同工作：当鞭毛摆动时，它会将水推到细胞后面，使得细胞向前移动（潜艇螺旋桨的工作方式与此类似）。被鞭毛推走的水由在细胞周围流动的水取代，与后面的尾流混在一起。在这个过程中，这些水通过领子得到过滤，领子充当滤网捕捉附着在其黏性表面上的细菌。一经固定，细菌就被吸收到细胞体内，得到消化。因此，鞭毛起着推进和摄食的作用。有些类型的领鞭毛虫放弃了这种自由游动的生活方式，用一个柄把自己附着在其他物体表面。在这些物种中，鞭毛的唯一作用是摄食。寄生性的领鞭毛虫物种发育时，多个细胞附着在同一个柄上，或以嵌入黏液中的成团细胞的形式四处游动。

申请进入动物界的条件之一，是申请者得是多细胞的。动物学家不承认单细胞设计，以细胞群的方式生活的微生物也被取消资格。即使所有的领鞭毛虫共栖在柄上或黏液团里，它们也没法让它们的鞭毛游过申请门槛。要成为一种动物，靠的不仅仅是大量的细胞数，还得形成囊胚，在这个囊胚发育期中，胚胎将自己塑造成一个充满液体的细胞球。所有人类都是这么做的，就在我们母亲的其中一个卵子受精五天后。在拥有更明显的美貌之前，纳西索斯就是一个囊胚，而"象人"约瑟夫·梅

　　　　　　　　　　　　　　　　　　　　自私的人类

里克看起来就像一个由128个细胞组成的没有瑕疵的球体那样漂亮——我们将在几页之后再说回梅里克先生。

囊胚是人类起源编年史的重要组成部分。囊胚中的细胞利用称作连接蛋白的特殊分子粘在一起。（想象橄榄球比赛中并列争球场面的微缩版，囊胚中的蛋白质就像球员们紧锁的手臂一样工作。）领鞭毛虫也会制造这些蛋白质的不同版本，但值得注意的是，它们似乎把蛋白分子放在领子里，用于过滤细菌，而不是用于连接细胞。[4]如果领鞭毛虫与动物的祖先存在关联——所有的信息都指向这个方向——这些蛋白质应该已经进化成网住细菌之用，并在后来适应了将细胞粘在一起的能力。

进化一直在执行这种炼金术，改造单个分子和整个身体部位以适应新的功能。例如，羽毛似乎被鸟类的爬行动物祖先用来隔热，它们被征用于飞行的时间要晚得多。这种自然的重新设计过程与有意图的设计之间存在深远的区别。在设计雨伞时，制造商可能会考虑不同材料的强度、防水面料折叠和伸展的难易程度，等等。如果自然选择面对同样的任务，它可能会从一个自行车轮子开始着手，让辐条在轮毂上形成铰链，然后在整个创造过程中拉伸轮胎橡胶，最后一步是延长轮轴以制造杆和钩柄。[5]这是一种笨拙的制作雨伞的方式，但想想进化的力量吧：它以蠕虫头上的感光点这样简单的结构为开端，制造出了鹰的眼睛。

"最简单动物"这一称号有三个竞争者，它们都用连接蛋白固定细胞。这三个竞争者分别是海绵、栉水母和扁盘动物——一种微小、扁平、蠕虫状的动物。遗传学研究表明，栉水母和扁盘动物是进化过程中的实验品，并没有形成更大的进化树分支。重要的是，要避免将这些群体称作进化中的"死胡同"，因为它们已经为自己做得很好，并在接连发生的摧毁了大多数动物群的大规模灭绝中幸存下来。与此同时，一些古老的海绵，或者说这种海洋生物的近亲则成为包括我们在内的其余幸存动物的祖先。是的，我们是浴用海绵*的亲戚。[6]

大多数海绵生活在海洋中，靠从水中过滤出的细菌和其他有机碎屑为生，这些细菌和有机碎屑通过一个由入水孔和水沟组成的系统流向一个内部空间，被吸进这个空间的水通过一个出水口排出。加勒比海中的巨型桶状海绵的出水口是它顶部一个张大的洞，其内部空间里排列着长有鞭毛的细胞，细胞位于领子里。细菌在领子表面被捕获，并在细胞内得到消化。这些细胞与领鞭毛

---

* 古希腊人最早把海绵动物作为卫浴用品，如今早已被人造海绵制品取代。

虫的相似之处是在 19 世纪 60 年代发现的，这鼓舞了生物学家提出鞭毛虫是海绵的前身。但进化不会如此简单。遗传学认为，鞭毛和领子的组合是由鞭毛虫和海绵的共同祖先进化而来，于是双方都保留了这种结构。（类似地，人类和科莫多龙都长着含釉质的牙齿并不意味着我们是从这种蜥蜴进化而来或者它们中的一些进化成了我们；但两者确实有一个牙齿上覆盖着釉质的共同祖先。）

现代生物圈中混合了单细胞微生物和多细胞生物的原因尚不确定。虽然拥有大量细胞的动植物已经在地球上进化出来，但我们依然可以想象另一个星球上的生命形态在其整个历史上一直都保持着微生物状。除非我们能在宇宙的其他地方研究生物学，否则我们无法知道多细胞有机体是否一定会在纯微生物存在亿万年之后出现。

有关领鞭毛虫行为的实验可能会为多细胞体的价值提供一些线索。当研究者用抗生素杀死周围水中的细菌，导致一些寄生性物种挨饿时，群体中的单个细胞就会彼此分离并四处游荡。孤立的细胞一旦与细菌团聚，就会再次形成寄生群体，甚至细菌散发的气味就足以激发同样的行为。单个细胞可能擅长觅食，但寄生群体可以为过滤摄食创造更强的水流，并远离水中可能会将单个细胞卷走的小漩涡。就像一艘有很多船员的拖网渔船与一个拿着钓竿在划独木舟的人相比较，鞭毛虫群体比起单个细胞可以收获更多的猎物。多细胞体可能已经在进化中成为了一种有效的捕食策略。

虽然海绵没有单独的器官，也没有肌肉或神经系统，但它们的解剖结构比区区一群寄生细胞要精细得多。像其他动物一样，海绵有多种执行不同功能的细胞类型：领子细胞淹没在由特化分泌细胞制造的胶状物中，其他类型的细胞位于胶状物内以及海绵的外表面上。这些细胞包括组成简单免疫系统的细胞、关闭入水孔的收缩细胞、生殖细胞和分泌海绵骨骼的细胞。海绵骨骼由弹性蛋白纤维与经二氧化硅和碳酸钙硬化的骨针和刺组成。有一种冷水海绵名为维纳斯的花篮，其硅质骨架具有叹为观止的复杂结构。几个世纪以来，含有未矿化的纯蛋白质骨架的海绵一直被作为浴用海绵。这些物种支撑着地中海和加勒比海有利可图的生意，直到这个行业的扩张毁掉了它们及其人类采集者的生计。

在一种复杂性类似海绵的动物身上，我们通过学习海洋蠕虫祖先的嘴和肛门开始追溯我们的进化，接着是没有颌骨的鱼，然后是有颌骨的鱼，再到有鳍作为肢端的鱼，再到两栖动物和爬行动物，再到类似树鼩的动物，最后是猴和猿。这部丰富的动物图鉴携带着我们的基因，或者说是后来成为我们的基因，在酒红色的黑暗海洋中巡游，在覆盖岩石的海岸边熠熠生辉的细菌草皮上滑行，在原地生长的茂密丛林中探索，最后迁徙到肥沃的大草原，在那里，我们笔挺地站在轻风细语的草丛中，张开鼻孔呼吸非洲的甜美空气，并思考我们的下一步行动。

当我们仔细研究最简单的动物及其祖先的遗传学时，便会学到一些关于我们自己的至关重要的知识。在动物生命树的基部、在祖先根部的深处，我们无法区分人类的近亲和蘑菇的前身。动物和真菌融合在一起，形成了一个有 10 亿年历史的结实枝干，并将两者合二为一。[7] 关于这种结合的证据来自对动物和真菌 DNA 的比较。30 年来，这项分子系统学研究一直是检测进化亲缘关系的必需品。随着更为严密的方法和数据集的扩充，动物和真菌之间的亲缘关系得到了增强。因此，虽然声称我们人类超越了一块草坪上的蘑菇这话挺无厘头的，但是我们确实与它们有关系。我们与真菌的相似程度比我们与植物或任何其他主要生命类群的相似程度都要高。[8]

当一个细胞装饰了多条鞭毛时，生物学家称该细胞是有纤毛的，鞭毛被称作纤毛。不过，鞭毛和纤毛不存在结构上的差异。我们体内的纤毛组织包括输卵管、脑室、脊髓和呼吸系统的内层，它们分别用于运输卵子、脑脊液和黏液。鞭毛和纤毛是细胞膜的长条状延伸物，内含一个可移动的杆状蛋白系统。杆子像活塞一样上下滑动，产生顺着尾巴方向的波浪运动。除了作为马达推动液体中的细胞和让液体离开细胞，这种称作初级纤毛的改良版纤毛存在于我们身体里的几乎每一种细胞中。初级纤毛缺少一对位于中心的杆状蛋白，并且不像精子尾巴那样摆动。它们充当感觉结构，对流经其表面的液体所造成的机械干扰做出反应，并使细胞能够探测到化学物质、光、温度和重力。

鞭毛和纤毛功能的缺陷会导致各种纤毛疾病（ciliopathy）。[9] 由于精子不动而导致的男性不育是最明显的障碍，而一旦把初级纤毛存在的问题考虑在内，这些遗传疾病的范围就扩展到了肝、肾和眼部疾病，以及影响多个器官的罕见综合征。阿尔斯特伦综合征（Alström syndrome）是一种以儿童期肥胖、视力问题、听力丧失、糖尿病和心力衰竭为特征的纤毛疾病，它属于最罕见的遗传疾病之列，医学文献中报告的病例不到 300 例。马登－沃克综合征（Marden-Walker syndrome）更为罕见，它会影响大脑发育，并产生一系列骨骼异常，包括下颌尺寸缩小、手指拉长和脊柱弯曲。影响结肠、乳房、肾脏和其他器官的癌症也显现出纤毛异常的迹象。纤毛功能障碍的这些灾难性后果是由于纤毛对各种刺激丧失适当的反应、细胞之间的信号传导受损和细胞分裂出现方向错误造成的。

纤毛扮演的一个重要角色是给细胞提供方向感。对单个细胞来说，定位似乎并不重要，但当我们考虑在胚胎中形成的细胞需要精细地置于上下左右某个方位时，定向障碍造成的混乱便显而易见。早期胚胎包含一种称作原结的结构，原结上排列着一种特殊的活动纤毛，这些纤毛的运动导致含有信号分子的液体定向流动。由此产生的分子梯度刺激了基因表达模式，进而建立起纵向的左右轴，而这个轴的左右两侧是不对等的。我们被赋予了这种内脏正位（*situs solitus*）——心脏移向左侧，肝脏移向右侧。若两侧不对称发生错误——内脏异位（*situs ambiguus*）——会影响心脏和许多其他器官的功能。有趣的是，出生就伴有内脏反位（*situs inversus*）——每个器官的位置都长反了的人，他们中的大多数过着正常的生活，没有遭受奇特的发育史带来的任何症状。

"象人"约瑟夫·梅里克被认为患有一种极其罕见的遗传障碍：普罗特斯综合征（Proteus syndrome）。[10]

其症结在于单个基因的突变会影响细胞增殖和细胞程序性死亡的过程，该基因的损伤发生在胎儿发育过程中的一个细胞中。从该突变细胞发育而成的所有细胞都会受到影响，其余细胞则不受影响。这导致了一种嵌合体，在这种嵌合体中，个体拥有畸形的和正常的组织的混合体。梅里克先生出现在这一章的原因是，普罗特斯综合征可能是另一种纤毛缺陷。梅里克对自己的状况做出了以下评估：

> 我的形体确实有些怪异，
> 但责怪我就是责怪上帝；
> 如果我能重新创造自己，
> 我一定会努力地取悦你。
> 如果我能从南极到北极，
> 或者用一只手抓住海洋，
> 那么该用灵魂来衡量我；
> 人之为人的标准是心地。[11]

远早于我们对生命之树的占领，游弋在前寒武纪海洋中的单个细胞就携带了我们与生俱来的权利——那些将会成为我们基因的基因。这一遥远的微生物遗产是人

自私的人类

类传奇故事的第一段。当一群精子聚集在卵子周围时，故事会重新上演，之后还会不断上演，因为这些尾巴变钝的细胞在每一个组织中都做着自己的事情。不管一个人的形态是否奇怪，或者是否不惹人爱，它都源于我们细胞的尾巴结构。

参考文献｜第二章

1 Ovid, *Metamorphoses*, trans. Arthur Golding (London, 2002), Book I, lines 101-2.

2 Joseph Conrad, *Heart of Darkness* (London, 1983), p. 66.

3 "Choano"一词来源于希腊语 *khoane*，意为漏斗，因为领子的形状像漏斗；"flagellate"一词来源于拉丁语 *flagellum*，意为鞭子。

4 连接蛋白在领鞭毛虫中的功能尚未确定，但识别和捕获细菌是一个令人信服的答案。参见 Scott A. Nichols et al., 'Origin of Metazoan Cadherin Diversity and the Antiquity of the Classical Cadherin/β-Catenin Complex', *Proceedings of the National Academy of Sciences*, CIX (2012), pp. 13046-51.

5 最后一步才制作杆和柄，是因为如果没有它们，原型伞仍然可以起到挡雨的作用。同样地，眼球晶状体的进化跟随着对光做出反应的色素的发展。通过合适的化学信息传递系统，一个简单的色素点就可以通知生物太阳升起来了，并且证明了它在没有晶状体的情况下依然有用。

　　　　　　　　　　　　　　　　　　　　自私的人类

6 Roberto Feuda et al., 'Improved Modeling of Compositional Heterogeneity Supports Sponges as Sister to All Other Animals', *Current Biology*, XXVII (2018), pp. 3864-70.

7 这个超级王国群体中的所有成员都称作后鞭毛生物（opisthokonts）。这个容易忘记的名字指的是尾巴朝后的东西，来自希腊语 *opisthios*（意思是后部）和 *kontos*（意思是篙，就像贡多拉船夫使用的那种）。这些尾巴是鞭毛。我们是后鞭毛生物，芳香的松露和拱出它们的母猪也是。松露和褶菇不会产生活动细胞，但水生真菌会产生带有标志性鞭毛的游动细胞，这表明了动物和真菌共享的历史。

8 若干年前，能有机会在俄亥俄州的一个国家公共广播电台的现场直播中批评一家名为创世博物馆的机构，对我来说是一件愉快的事情。这家可耻的"博物馆"——实际上是一座教堂——位于肯塔基州，它宣扬地球只有 6000 年历史这种奇谈怪论，以保持与《圣经》的叙述相一致。创世博物馆否认了《创世记》的希伯来语作者使用隐喻的可能性，而是坚持字面上的解读，即狂热的六天嘉年华造就了这个星球及其生物。我雄辩而慷慨激昂地驳斥了博物馆创始人所说的一切，他叫 Ken Ham，是一位澳大利亚绅士，仍旧坚定不移地保持着愚蠢的态度，似乎对我将人类描述为一种猿类而感到特别不安。回过头来看，我真希望我当时就跟进了浴用海绵和蘑菇与我们共享祖先的科学案例，他一定会火冒三丈。

9 T. D. Kenny and P. L. Beales, *Ciliopathies: A Reference for Clinicians* (Oxford, 2014).

10 J. A. R. Tibbles and M. M. Cohen, 'The Proteus Syndrome: The Elephant Man Diagnosed', *British Medical Journal*, CCXCIII (1986), pp. 683-5; Marjorie J. Lindhurst et al., 'A Mosaic Activating Mutation AKT1 Associated with the Proteus Syndrome', *New England Journal*

of Medicine, CCCLXV (2011), pp. 611-19.

11 梅里克在他的一些信件的末尾引用了这些话。它们改编自
Isaac Watts 题为 *False Greatness* 的一首诗，发表于 *Horae Lyricae:*
Poems, Chiefly of the Lyric Kind, in Two Books (London, 1706), pp.
107-8.

第 三 章

Guts

内脏

人 体 如 何 运 作

看过人类在古代海洋中海绵状的起源之后，我们及时飞驰向前，来关注人体的运作方式，以及这台值得称道的机器如何行走、跑动、安坐、入眠。在人类运动技能最伟大功勋的榜单上，榜首必须包括肯尼亚选手埃利乌德·基普乔格在 2018 年创造的 2 小时 1 分 39 秒的马拉松纪录。1908 年，最快的马拉松赛跑耗时近 3 小时，这足以让今天的选手在半道喝杯茶歇会儿，顺便聊聊天气。

根据古希腊作家卢西安的说法，公元前 490 年，第一位马拉松选手斐里庇得斯在筋疲力尽后倒地身亡。这位古希腊报信者的死亡并不太令人惊讶，毕竟我们要考虑到，在他为了传递雅典胜利的消息，从马拉松战役的地点进行 40 千米快跑之前的几天里，他可能已经累计跑了 240 千米。[1] 无论身体在做什么，从长跑到在沙发上打盹，活着都是有代价的，一切活动都按照同样的化学规律运作。

太阳的核聚变为我们提供了食物，无论是来自"马铃薯→人"的短链，还是来自"草→烤牛肉→人"，甚至是"藻类→浮游生物→小鱼→大鱼→人"的长链。对发酵食品和酒类来说，卡路里的流动更为复杂，因为酵母是必不可少的媒介：葡萄 + 真菌→人。有了这些人类消耗食物的说明，下一步就是其他微生物从我们身上摄取能量：人类→炭疽杆菌。那些具有传染性的微生物对人类占据食物链顶端的说法嗤之以鼻。[2] 根据我们人类在遗传学、解剖学和生理学上的众多特征，可以断言的是，我们热爱杂食。我们是通才，不同于蓝鲸和考拉这样的专家，它们只吃磷虾和桉树叶。

人类的营养灵活性为我们在用餐时间提供了令人惊叹的广泛选择。但是，无论我们优先选择肉类或蔬菜，奉行素食还是消费装在金属化塑料袋中出售的冷冻比萨和橙色零食，食物中释放卡路里的化学物质都是一样的。以土豆为例。从土豆中获取能量几乎与土豆苗利用阳光、水和二氧化碳制造土豆的炼金术一样复杂。土豆是探索

自私的人类

营养学的一个很好选择，因为它含有我们人类生存所需的大部分营养。（这并不意味着我们会对以土豆为主的饮食感到高兴，但我们可以勉强度日，就像 19 世纪 40 年代土豆枯萎病到来之前，爱尔兰农民被迫做的那样。）土豆带有一种冬眠装置，使得野生土豆苗的叶子能够在秋天枯萎，在冬天的土壤中沉睡，然后在春天重新发芽。土豆块茎含有的碳水化合物达到了很好的平衡，主要以淀粉粒的形式存在，再加上蛋白质、维生素 C 和 B6 以及大量的钾。土豆不含脂肪，建议用黄油和酸奶油来扮靓它们，但根据营养学研究，即使在未扮靓的状态下，土豆泥也是人类可利用的最能果腹的食物。[3]

我们通过整个消化系统从土豆泥中提取能量。从嘴巴开始，人类的唾液充满了淀粉酶，这种酶能将土豆淀粉分解成糖。酶是一种可以加速化学反应的蛋白质分子，这些化学反应原本需要数年时间——在某些情况下需要数百万年——才能发生。[4] 其他复杂的碳水化合物是在微生物的帮助下在肠道中消化的，这些微生物补充了原本由我们自己制造的酶。肠道中的细菌特别擅长将土豆中释放的较大的化合物分解成更易处理的化学物质，由此产生的燃料被大量围绕肠壁运行的血管床带走。

从嘴巴到肛门的平均距离为 5 米，其中三分之二被小肠占据，这部分消化系统的壁是折叠的，表面覆盖着称作绒毛的微小突起。在肠壁的内侧，大量的绒毛随着肠道的收缩和糜烂食物的通过而摆动着，就像珊瑚礁上海葵的触手。每根数毫米长的绒毛表面都装饰着自带的微小突起，称作微绒毛。在健康的肠道中，大量的肠褶、绒毛和微绒毛使其内表面面积比光滑的圆柱体表面积大120倍。斯堪的纳维亚的研究者计算出这片消化区域的大小约为30平方米，相当于一套单间公寓的建筑面积。[5]只要运作保持正常，这一切都可谓相当神奇。在上过一堂关于人体消化的高中生物课后，我的一位朋友让我思考以下问题："如果肠道真的是生活在我们体内的一条巨大蠕虫呢？"他并非港湾里最耀眼的航灯，但我没有予以反驳。[6]

就算它是蠕虫吧，我们从食物中摄取的大部分营养物质都被绒毛内的毛细血管带走了。肠道中的毛细血管是由遍布全身的这些微小血管组成的大床的一部分，它们很容易到达遍布我们全身的所有40万亿个细胞，提供持续的卡路里、水和氧气。[7]毛细血管床连接着我们的动脉及静脉，动脉将氧气充沛的血液运出心脏，静脉将氧气耗尽的血液运回心脏。心脏通过每天10万次的跳动，推动血液在动脉、静脉和毛细血管中流淌10

万千米。[8]

1661 年，意大利解剖学家马尔切洛·马尔皮基通过显微镜在一只青蛙的肺部首次发现了毛细血管。在转向青蛙之前，他曾在绵羊身上做过实验。他发现当动物的心脏持续跳动时，无法观察到动物身上最微小的血管，于是他取出肺部，让其逐渐干燥和平坦，最终成功发现了毛细血管。在活体解剖的历史上，这不过是儿童游戏。更野蛮的做法出自英国医生威廉·哈维之手，他把狗和鹿绑在桌子上，让它们的颈部和胸部朝天，由此来观察进而了解血液循环。

在吃了一份土豆泥后，我们的红细胞会吸收从土豆淀粉中释放的葡萄糖，并被推入血液循环中，遍布全身饥肠辘辘的细胞通过距离最近的毛细血管吸收这些糖。从食物中释放能量需要氧气，氧气则是从肺泡进入血管的。（肺泡也是马尔皮基发现的。）糖分子一进入细胞就被分解成更小的部分，组成这些碎片的原子失去电子，从而产生能量。[9]糖的新陈代谢是在特异性酶的控制下以不同的步骤进行的。许多酶在细胞内称作线粒体的独立结构中得以组织起来，细胞示意图显示的线粒体为内膜折叠的药丸状结构。线粒体中发生的氧化过程，会捕获我们食物中的大部分能量。

人生是一场缓慢的燃烧，这个比喻不仅仅具有诗意。身体像篝火一样消耗氧气，留下的只有水和一股股二氧化碳。不同之处在于燃烧过程中能量释放的方式。当原木燃烧时，裂开的木头中的分子失去电子，水蒸气和二氧化碳随着火焰跃入空气而被带走。木头中的大部分能量以红外辐射或热的形式释放，火焰的可见光则表征能量发射的次要形式。氧气在人体细胞中的作用与在篝火中一样，即从被氧化的材料中夺走电子。糖类在细胞中受控的氧化方式与不受控制的烈火形成鲜明对比，这在很大程度上是因为生物中的糖是逐步分解的，而且各步反应发生在细胞中不同的间隔区域。这个严格受控的过程允许细胞通过各种化学物质收集大量能量，这些化学物质则被用作便携式燃料。不过，微小的线粒体熔炉在燃烧糖时会因升温到 $50^\circ C$ 而损失能量。[10]

将糖注入细胞是一项灵巧的工作。细胞被脂膜包裹，脂膜起到防水屏障的作用，将细胞与周围环境隔开。脂质是不溶于水的油性分子。肝脏中的细胞被其他肝细胞环绕；血细胞被血流中的液浆环绕；像变形虫这样的单细胞生物则被池水环绕。各种化学物质在细胞中进进出出，但糖类和其他溶于水的物质不能自由地通过细胞膜。池塘中的化学物质可以通过池水自由地扩散，却不能自由地进出细胞，这就使得变形虫能够严格控制其构造的各个方面。它被池塘的无序环绕着，作为一个有序的孤岛而存在。

　　细胞可以与非常整洁的房子相媲美，作为房子，墙壁定义了一个有序的生活空间，门窗控制着东西的进出。细胞通过细胞膜中的蛋白质调控其内容物，这些蛋白质是那些溶解在水中的物质的通道，可以让单个原子和更大的分子穿过。葡萄糖是通过蛋白质进入细胞的，蛋白质可以弯曲着打开，提供一个尺寸完美的口袋，将糖分子带过膜。其他转运蛋白在把钠离子（Na^+）和钾离子（K^+）等带电离子从膜的一侧推到另一侧时，会产生跨膜电压。我们熟悉电池产生的电压，它们是由带电电子和离子在不同金属之间的流动形成的。这可以通过将铜线和锌线插入土豆，用它们产生的电流来运行数字时钟得到证明。同样的原理也适用于个体细胞，它们作为微型电池运行着。跨膜电压对生命至关重要，因为它们为细胞吸收葡萄糖和其他物质提供动力。线粒体也在容纳它们的细胞内充当电池，将它们折叠的内膜上的电压转化为用于化学反应的能量。叶绿体也是电池，只不过它们像太阳能电池板那样要靠阳光来充电。生命依赖于细胞的电池能量。

神经细胞，或称神经元，通过其细胞膜中的蛋白质移动钠离子和钾离子而带电。蛋白质通道沿着神经细胞的长轴进行开关，导致膜电压的变化。这些电脉冲沿着神经纤维传导，并通过称作突触的连接从一个细胞传到下一个细胞。每个神经元形成许多个突触，这些突触将神经系统组装成一个网络，像迷宫连着迷宫，而不是一束束笔直的管道。

新皮层是哺乳动物大脑的最外层，具有我们熟悉的褶皱表面。人类的新皮层包含160亿个神经元，通过100万亿个突触相连。[*]靠着这些神经环路，我们欢笑或哭泣，坠入爱河或陷入绝望，写下壮丽的诗篇或悲情的微博。它们既是我们艺术革新和科学突破的源泉，也是人类痛苦自恋的源泉。顺便说一句，抹香鲸的脑比人脑大六倍，长肢领航鲸的新皮层所含神经元的数量是你的两倍。[11]不过，鲸类在酒红色的黑暗海洋中会吟唱哪些关于爱情和绝望的歌曲？就其本身而言，新皮层的存在并不意味着聪明才智。

非洲灰鹦鹉和章鱼缺乏这种进化上的附加装置，却可以解决各种复杂问题。根据一些动物心理学家的说

---

[*] 包括大脑皮层在内的整个人脑中的神经元数量约为860亿个，它们形成的突触连接将近1000万亿个。

自私的人类

法，一只名为亚历克斯的著名鹦鹉的词汇量超过 100 个单词，它可以描述物体的大小和颜色，并进行简单的计算。[12] 圈养的章鱼表现出厌烦是它们拥有智力的明确标志；在另一些故事里，有动物会为了取乐而喷射水族馆工作人员，也有动物为了打发时间而玩弄寄居蟹，还有动物下定决心执行精密的逃跑计划。

神经系统非常擅长的一件事是让我们动起来，协调我们有意识和无意识的运动。在人类发明农业之前，这一点尤为重要，因为我们必须从野外捕捉东西。一些人类学家认为，我们抓住羚羊和其他肉多的动物的方式是比它们跑得快——不是通过短跑，而是通过马拉松式的赛跑让它们筋疲力尽。这就是所谓的耐力狩猎，狼、野狗和鬣狗也做着同样的事情。人类非常擅长耐力狩猎，通过出汗来调节体温，并持续不吃不喝地奔跑，从而在一天中最炎热的时候超过猎物。[13] 早期人类也使用武器，还有可能设陷阱把动物困在坑里。

另一个人类学思想流派提升了食腐在人类进化中的作用，在那些更熟练的捕食者杀死猎物后，我们的祖先便出现在它们的筵席上。考虑到像剑齿虎或狮子这样的食肉动物会把我们当作另一顿美餐，我们只能保持距离跟踪这些大型猫科动物，吃掉它们留下的任何东西。这幅图景与人类是至高无上的猎手的观念不符，但我们很可能只是在狮子撕开大型食草动物的体腔，狼吞虎咽完它们白花花的内脏后，才捞出点残筋碎肉。关键是要早点到。腐烂的尸体从来都不具有吸引力，因为微生物会让腐肉产生致命的毒素。短吻鳄和秃鹫专门以腐肉为食，它们为此配备了超强的胃液和多种肠道微生物，可以抵抗腐肉引发的中毒和感染。[14] 人类则寻求更常见的进化方式——逃避，这或许解释了为什么我们对腐肉的气味极其敏感。

蛋白质的消化始于胃部酸浴，并在小肠继续。酶从蛋白质中释放氨基酸，这些氨基酸先在肝脏中进行处理，然后像糖那样在线粒体中被氧化。脂肪在小肠中消化，释放脂肪酸，这些脂肪酸也在线粒体中被氧化。不过，淀粉消化所释放的葡萄糖才是身体所需的完美燃料。我们有编码淀粉酶的某个基因的多份拷贝，这种淀粉酶分解细长的淀粉分子，从一条链上释放出像珍珠一样的单个葡萄糖。这使得我们在唾液中能产生的酶比其他猿类要多，后者只有一到两份这种基因的拷贝。在火上烹调块茎会改变淀粉粒的构象，使得淀粉酶更容易让糖释放。这些基因修饰与用火技能的结合，可能为我们提供了发育大型脑所需的能量。我们并没有放弃吃肉，但一些人类学家认为，烹调淀粉类蔬菜是促进大脑扩张的关键性行为变化。[15]

大脑的功率约为 20 瓦，这相当于一个节能荧光灯泡，后者产生的光与一个 100 瓦白炽灯中加热的钨丝一样多。考虑到其大小，大脑消耗的能量非常多，身体的其余部分则需要 80 瓦来保持平稳的运作。这些能量有很大一部分是以热量的形式释放的，这也是挤满人的房间会变得非常不舒服的原因之一。

人体必需的活力来自每天至少要从食物中摄入 2000 卡路里，这可以通过吃 7 个大土豆（2.5 千克）或一满盘牛排（1 千克）来实现。与其他灵长类动物一样，我们人类成长所需的能量不及那些同等体积但效率较低的哺乳动物的一半。[16] 如果考虑到提香和弗朗西斯·培根[*]画出他们的杰作时消耗的能量不多于一个灯泡，那么我们就有充分的科学理由来庆祝文明的成果。但是，当更仔细地考虑人类在 21 世纪的商业活动中消耗了多少额外的能源时，我们客观上就失去了一些魅力。美国人平均每年消耗 12000 千瓦时的电力，这与每年向大气中排放

---

[*] 提香（1490—1576）是意大利文艺复兴后期威尼斯画派的代表画家；弗朗西斯·培根（1909—1992）是英国现代派肖像画家，本书其他地方提到的同名人士均是指哲学家培根。

16 吨二氧化碳相关联。[17] 这一人均能源使用量相当于两个半英国居民、50 个毛里塔尼亚人或 340 多个中非共和国人的用量。*

人类的消化系统除了为大脑和其他身体部位提供燃料，还需要大量的新陈代谢支出来防止有害微生物的侵袭。在我们从子宫到坟墓的整个生命旅程中，微生物一心想要关掉我们的灯。因为"自然憎恶真空"——真空恐惧（*horror vacui*）——每一个体型较大的有机体都会被一群定制的传染性微生物占据，这是一种不可避免的滋扰。[18] 这么说无法改变遭受脑部感染的病人的任何实际状况，但是，感染这一行为本身并不存在恶意。

像我们人类一样，细菌和数量更多的感染性病毒颗粒也在时间长河中传递着它们的基因。[19] 如果不这样做，它们就不会出现在这里，这是自然选择最简单的叙事。生存是用来保存有效细胞和有效身体内的有效基因的。（此处亦可用"合适"一词代替"有效"，因为适于生存的任务最重要。）人类对这些看不见的怪物的过度反应是免疫系统创造的奇迹。（"奇迹"一词只是表达惊叹，而不是指巫术的产物。）我们的组织由免疫系统的细胞

---

* 根据国际能源署发布的 2018 年度人均用电量数据，美国为 13.1 兆瓦时，英国为 4.9 兆瓦时，中国为 4.9 兆瓦时。我国人均用电量呈逐年上升趋势。

监管，其中就包括白细胞，它可以发现细菌，并通过细菌的反应性表面吞噬它们，进而摧毁它们。还有一些免疫细胞专门识别人体不需要的微生物，并向其他充当刽子手的细胞发出信号。

当身体出现癌细胞时，身体本身就成了最坏的敌人，这些癌细胞放弃了合作的好处，以牺牲周围健康组织为代价进行增殖。它们的形成是用于更新我们组织却容易出错的 DNA 复制所造成的麻烦后果。对缺乏免疫系统若干成分的突变小鼠的实验表明，体内每天都会产生癌细胞。[20] 癌症是每个生命的组成部分，而正常运作的免疫系统会将这些行为不端的细胞从体内清除。

当我们考虑到人体内，在人类细胞之间、微生物群的微生物之间以及这些细菌和人类细胞之间进行化学对话的刺耳杂音时，显而易见的是，我们是充满活力地行走着的生态系统，是身上和体内都携带着微生物群落的猿类，是名副其实具有生物多样性、但没有鲜艳色彩的珊瑚礁。虽然过去的我们携带了更多的皮虱、肠道蠕虫和其他寄生动物，但总的来说，失去它们比生活在浑身爬满虫子的感觉中要好——一个人身上可以寄生多达 3 万只虱子。有个令人难忘的故事发生在 12 世纪，坎特伯雷大主教托马斯·贝克特在遇刺后遗体凉下来时，衣服里遍布的寄生虫军团"像炖锅里的水一样沸腾起来"，"令围观者啼笑皆非"。[21]

那么，通过全面认识身体这部机器，我们应该从反思中做出什么判断呢？尽管人类确实有些聪明才智，但仍然是以无机物作为构架，上面串着蛋白质带子和一团团光滑的脂肪，用电线连在一起，胸部由风箱充气，通过精心设计的管道系统获得养分、进行排泄，再配上器官状的肉，被裹在一张有弹性的兽皮里。[22]"人是何等巧妙的一件天工……万物之灵。"哈姆雷特如是说（第二幕，第二场）。

参考文献 | 第三章

1 Lucian, vol. VI, trans. K. Kilburn, Loeb Classical Library (Cambridge, MA, 1959), p. 177. 希罗多德声称，斐里庇得斯在这场战役之前从雅典跑到了斯巴达，参见 Herodotus, *The Landmark Herodotus: The Histories*, trans. Andrea L. Purvis (New York, 2007), book VI, Chapter 106, p. 469. 这件事通过一项叫作斯巴达松（Spartathlon）的年度超长距离马拉松比赛以资纪念。目前的纪录是 20 小时 25 分，纪录保持者是被称作"跑神"的希腊选手扬尼斯·库罗斯，他在 1984 年赢得比赛。

2 正如我在 *Mr Bloomfield's Orchard: The Mysterious World of Mushrooms, Molds, and Mycologists* (New York, 2002), p. 21 所写："如果真菌能腐烂病人的腿骨，吃掉某人的脑子，或者吞噬孩子的脸蛋，那一只裸猿到底是丛林之王还是王的晚餐？"托马斯·霍布斯在 *The Questions Concerning Liberty, Necessity, and Chance* (London, 1656), p. 141 表达了同样的看法："当狮子吃了人，人吃了牛的时候，为什么还说牛是为人而生，而不说人是为狮子而生？"

3 在常见食物的饱腹感指数上，土豆泥的得分是白面包的 3 倍。

饱腹感指数衡量的是不同食物满足食欲的能力: Susanna H. Holt et al., 'A Satiety Index of Common Foods', *European Journal of Clinical Nutrition*, XLIX (1995), pp. 675‐90.

4 在合成叶绿素和血红蛋白分子（两者都属于卟啉）过程中发生的反应是天然酶化学中最伟大的功绩之一。这些反应需要 23 亿年才能自行发生，而在酶的帮助下只需要几分之一秒。参见 C. A. Lewis and R. Wolfenden, 'Uroporphyrinogen Decarboxylation as a Benchmark for the Catalytic Proficiency of Enzymes', *Proceedings of the National Academy of Sciences*, CV (2008), pp. 17328‐33.

5 H. F. Helander and L. Fandriks, 'Surface Area of the Digestive Tract – Revisited', *Scandinavian Journal of Gastroenterology*, XLIX (2014), pp. 681‐9.

6 我们在学校的一堂生物课上看到了一张进化树的图表，同一个男孩对我说，"进化论没有意义"，因为现在周围仍有很多变形虫。他问道："它们什么时候会进化成人类？"他今天可能在经营一家《财富》500 强公司。

7 Eva Bianconi et al., 'An Estimation of the Number of Cells in the Human Body', *Annals of Human Biology*, XL (2013), pp. 463-71, 估算一个成人包含 3.72×10^{13} 个细胞。

8 每分钟 70 次的平均心率相当于每天 10 万次。循环系统的估算长度来自 Benjamin W. Zweifach, 'The Microcirculation of the Blood', *Scientific American*, CC (1959), pp. 54‐60.

9 失去电子的过程称作氧化。氧化反应被还原反应所平衡，在还原反应中，电子被另一种物质接收。氧化反应和还原反应共同构成氧化还原化学。氧是众多氧化剂中的一种，这意味着它们可以接收来自其他物质的电子。氧只参与糖代谢的最终反应，它接收电子并与质子（即带电的氢原子，用 H⁺ 表示）结合形成水。

10　Dominique Chrétian et al., 'Mitochondria are Physiologically Maintained at Close to 50℃', *PLOS Biology*, XVI/1 (2018), e2003992.

11　Heidi S. Mortensen et al., 'Quantitative Relationships in Delphinid Neocortex', *Frontiers in Neuroanatomy*, VIII (2014), DOI: 10.3389/fnana.2014.00132.

12　Irene M. Pepperberg, 'Further Evidence for Addition and Numerical Competence by a Grey Parrot (*Psittacus erithacus*)', *Animal Cognition*, XV (2012), pp. 711-17.

13　D. M. Bramble and D. E. Lieberman, 'Endurance Running and the Evolution of *Homo*', *Nature*, CDXXXII (2004), pp. 345-52.

14　Michael Roggenbuck et al., 'The Microbiome of New World Vultures', *Nature Communications*, V/5498 (2014), DOI: 10.1038/ncomms6498.

15　Karen Hardy et al., 'The Importance of Dietary Carbohydrate in Human Evolution', *Quarterly Review of Biology*, XC (2015), pp. 251-68.

16　Herman Pontzer et al., 'Primate Energy Expenditure and Life History', *Proceedings of the National Academy of Sciences*, CXI (2014), pp. 1433-7.

17　目前的数据可以在 www.worlddata.info 和 www.indexmundi.com 获得。

18　物质空间论（plenism）或真空恐惧的哲学概念源自亚里士多德。弗朗索瓦·拉伯雷在 1532—1564 年出版的五部系列小说《巨人传》中将这一短语重新表述为"自然憎恶真空"（*natura abhorret vacuum*）。

19　各种病毒在它们的 DNA 和 RNA 分子中编码的信息甚至比任何由细胞组成的物种编码的都要多。大多数生物学家将病毒与细胞有机体分开对待，因为它们是否算得上是生物还有疑问。参见 Nicholas P. Money, *Microbiology: A Very Short Introduction* (Oxford, 2014), p. 18.

20 Shoukat Afshar-Sterle et al., 'Fas Ligand-mediated Immune Surveillance by T Cells is Essential for the Control of Spontaneous B Cell Lymphomas', *Nature Medicine*, XX (2014), pp. 283-90.

21 Hans Zinsser, *Rats, Lice and History* (Boston, MA, 1935), p. 185. Zinsser 在他 1935 年的经典著作中支持了本书的基本论点："到目前为止，人和老鼠不过是最成功的捕食动物。它们完全破坏了其他形式的生命。它们对任何其他生物都没有丝毫用处。"

22 这段描述改编自 Nicholas P. Money, *The Rise of Yeast: How the Sugar Fungus Shaped Civilization* (Oxford, 2018), p. 172. 人体一半以上的重量来自水，五分之一来自蛋白质，还有五分之一来自脂肪，余下则来自构成骨架的无机物。这些信息来自对尸体的化学分析：Harold H. Mitchell et al., 'The Chemical Composition of the Adult Human Body and its Bearing on the Biochemistry of Growth', *Journal of Biological Chemistry*, CLVIII (1945), pp. 625-37; Steven B. Heymsfield et al., eds, *Human Body Composition*, 2nd edn (Champaign, IL, 2005).

第四章

Genes

基因

人 体 如 何 组 装

基因指导有机体进行组装，从而将基因拷贝传递给下一代。我们是基因的临时容器，位于呈河流三角洲形状的家谱中，DNA 流从祖先传给后代。每当精子细胞使卵子受精时，这些水流就会汇合，唤醒三角洲并寻找时机往下涌；如果没有后代，DNA 在淤积之前会在河道中打转。那些持有宗教信仰的人相信，自己被授予了一个人生目的，会超越纯粹的遗传学而存在；而将这些对来世的憧憬置于一旁的人，则一定会对流动着的 DNA 这一说法中的诗意感到满意。以上两种观点都无法完全保证让人心满意足，但太阳会照常升起——《圣经·传道书》中如是说，喵喵叫的猫会被照常放出来，明天的命运永远不会在今天决定。

人类基因分布在 23 对染色体中，这些染色体被包装在称作细胞核的细胞隔室中，外加每个线粒体携带的一条微小副染色体的拷贝，一套完整的染色体组成了基因组。染色体由成对的 DNA 链组成，DNA 链则由横档连接在一起，形成梯子，扭曲成标志性的双螺旋形状。DNA 缠绕在称作组蛋白的特殊蛋白质周围，并进一步压缩以便能够装进细胞核。如果解开最长的一条染色体，它的螺旋会延伸 85 毫米，所有 46 条染色体中的 DNA 总长达 2 米。细胞核的宽度只有百万分之几米，而 DNA 链非常细，排列得很紧密。这一点从以下事实中显而易见——DNA 螺旋被放大到像铅笔那么粗的人类基因组模型，将长达 8000 千米。[1]

基因组包含制造生物体的所有信息，但只能在细胞内进行运作。基因组不可能从头开始形成一个细胞，更不用说一个完整的多细胞有机体了。细胞及其基因组之间这种相互依赖的关系是生命的一个重要事实。远早于人类设想基因这种物质的存在，17 世纪的博物学家就确信，所有的生命都来自一个卵子（*omne vivum ex ovo*）。[2] 两个世纪后，这条卵子格言被引入细胞学说，即每个细胞都来自一个细胞（*omni cellula e cellula*）。然而，至少有一个细胞拒绝了这一原则：由于没有细胞亲本，地球上的第一个细胞脱胎于化学而不是生物学。

自从这一划时代事件发生后的数十亿年间，基因通过从微生物到遍布生命之树的多细胞动物、植物、海藻和真菌的不间断保管线，从一个细胞转移到另一个细胞，从上一代有机体转移到下一代有机体。所有这些有机体，从最小的到最大的——从称作支原体的微生物到蓝鲸或巨型蘑菇菌落——都由它们的基因组编程。[3]鲸鱼和蠕虫、蠕虫和其他一切有机体之间的区别在于基因，没有其他信息来源可以用于定制一只动物。

生物学过程的巨大复杂性促使我们将生命描述为一个奇迹，但我们必须把这种观念搁置一旁才能认识自己。看到一个新生儿会引起强烈的情绪波动，但对于婴儿家人以外的人来说，这个婴儿并没有什么非凡之处。[4]当想到亮眼的最新款手机或商用飞机时，我们几乎不知道它们是如何工作的，但可以肯定的是，它们是由熟练的技术工人和工程师在生产线上组装的。而对于将同样的推理用到婴儿身上，我们有一种与生俱来的抵抗，即便我们确信婴儿是由母亲体内的受精卵形成的。

婴儿是根据其基因组中的指令制造出来的，同时也得到母亲基因组的支持——母体需要准备好子宫、提供胎盘的母体面并喂养胎儿。[5]制造手机和飞机的说明书格式与自然合成之物的说明书有很大不同。塞斯纳172是世界上卖得最好的飞机，安装其螺旋桨的最后步骤里写着"拧紧螺旋桨附接螺栓"和"安装不锈钢保险丝"。请注意，工程师会被告知需要做什么，而说明书默认他知道要使用什么工具。如果生物学试图制造一架塞斯纳172，DNA需要做的远不止这些。塞斯纳DNA会详细说明飞机每个部件的制造过程，并确保所有部件都安装在正确的位置。人类的基因组规定了成千上万种不同分子的成分，并指示它们去哪里和做什么。如果人类细胞组装和操作过程中的每一步都需要自己的说明书，那就需要数百万个基因；然而，基因组中的任务是经过优化的，只要2万个基因就能完成这项工作。

DNA之所以能够存储如此多的信息，是因为它指挥着非常熟练的"机器人编队"，它们可以在没有日常监督的情况下把工作做好。这些"机器人"就是加速化学反应的酶，每种酶都根据内置在其结构中的程序执行任务。回到塞斯纳的类比上来，一种像酶一样工作的工具会自动将自己附着在螺栓上，并立即将螺栓拧紧到螺旋桨上。这本制造手册不是具体说明"拧紧螺旋桨附接螺栓"，而是写着"制造出工具A"。

酶之所以如此擅长自己的工作，是因为对它们的测

自私的人类

试贯穿了整个生物史。一些最古老的酶在所有有机体中执行管家任务，比如从糖中释放能量。只要稍加修饰，这些酶就能经受数十亿年的不断评估。如果有机体产生了某种酶的新版本，而新版酶的效果太差，以至于这个有机体不能繁殖，那么制造这种酶的说明书——基因——就不会传递给下一代，它会随着携带它的失败实验而消亡。如果另一个新版本的酶比原始版本工作得更好，好到足以增加基因携带者留下后代的可能性，那么它就会繁荣昌盛，甚至可能在几个世代内取代原始基因。这种对基因的测试和修饰过程就是进化的本质。

酶是蛋白质，蛋白质由一串串氨基酸组成。有 20 种不同的氨基酸，DNA 规定了它们连接的顺序。基因是用 DNA 密码——熟悉的字母 A、T、G、C——写成的，它们是构成 DNA 梯子横档的分子。在这 4 个字母构成的字母表中，由 3 个字母组成的单词可以拼写出氨基酸：例如，AAG 编码一种名为赖氨酸的氨基酸，GCA 编码丙氨酸，这意味着一段 DNA 序列 AAGGCAAAG 对应赖氨酸 – 丙氨酸 – 赖氨酸。一个中等大小的人体蛋白质含有 400 多个氨基酸。一旦我们认识到 DNA 中的字母序列决定了酶的结构，就会明白为什么改变这些序列的突变会影响酶的工作方式。

除了逐项列出各种酶，DNA 序列还定义了在细胞内形成机械结构的蛋白质、接收和传递化学信息的受体蛋白质，以及调控基因表达的各种蛋白质。细胞中除了大量的蛋白质外，膜上还有脂质分子，细胞内则有大量称作多糖的糖类化合物，以及 DNA 和其他核酸。所有的非蛋白质成分也必须在基因组中列出，但这是通过具体说明制造它们的酶来间接实现的。胆固醇是一种脂肪分子，它在由不同基因编码的多种酶的作用下组装而成。

人类基因组由 30 亿个字母书写而成，非常杂乱无章。我们的 2 万个基因在这个脚本中所占的比例不到 2%，将它们全都放在一条染色体上还能多出大量空间，但进化并不在意基因组是否整洁。人类基因组是在我们祖先的早期基因组的基础上打造而成的，它同时携带着这段进化史中完美无暇的基因和腐坏无用的基因，而这些遗产可以追溯到鱼类和细菌。这就是制造我们蛋白质的基因散布在不同染色体上，并种植于无意义文本的密林中的原因。大多数凌乱的人类 DNA 被写成根本不编码氨基酸的字母串，或者编码的氨基酸链只能制造出毫无用处的蛋白质。这些 DNA 中的一部分在不制造任何蛋白质的情况下执行着有用的任务，但大多数似乎都是垃圾，又称"垃圾 DNA"。随着时间的推移，自然选择的宝石淘盘淘出一个又一个出色的酶，同时也难以避免尾矿的积累。

人类基因组在其信息容量上没什么特别之处。我们的基因数量是酵母的 3 倍，与蛔虫和鸡一样多，但比许多植物要少。已知的最大基因组属于一种名为衣笠草的日本百合。[6] 这种奇异植物的独朵白花坐落在一圈鲜绿的叶子上，它每个细胞中的 DNA 容量是人类的 50 倍。虽然如今有可用的快速测序技术，但是解读这么一大团 DNA 中的所有字母没有实际意义，因此，百合基因的数量未知。小麦的基因组较小，估计有 10.8 万个基因。小麦的大量 DNA 来自三个野草祖先的基因组的融合，这三个基因组都比人类的大。在拥有大基因组的动物中，来自非洲的石花肺鱼的 DNA 容量几乎与衣笠草一样大。

在人类基因组计划完成之前，生物学家相当有信心地认为，我们可能有多达 10 万个基因。令测序工作的参与者大吃一惊的是，到论文发表时，可能的数量下降到了 3 万。2001 年，一位著名的法国遗传学家在美国《科学》期刊上做出以下回应来表达他们的惊讶：

　　仅仅增加三分之一的基因数量（应该理解为一半）就足以从一种相当质朴的线虫（大约有 2

万个基因）进化成人类……这确实非常具有挑衅性，无疑将在这个新世纪之初引发科学、哲学、伦理和宗教问题。[7][*]

随后的修剪让这一数字降到了 2 万，与线虫相当，这使得多数生物学家开始重新思考。不过十多年后，一帮铤而走险却没绑弹药带的遗传学家[†]迎难而上直面这个问题，提出在垃圾 DNA 中隐藏着一个信息宝库。他们开始着迷于这样一种可能性，即表面上沉默的大多数密码实则包含了一本指令百科全书，而这些指令并非通过合成蛋白质起作用。在美国，上亿美元被投入到筛选垃圾上却收益甚微。

当一个用 DNA 写成的基因指导蛋白质合成时，它会被读取或转录成另一种名为 RNA 的核酸，这种 RNA 在基因和制造蛋白质的细胞硬件之间起着中介作用。人们很早就知道 RNA 除了在制造蛋白质方面的作用外，还可以做很多事情。有人认为垃圾 DNA 中有秘密信

---

[*] 经核对《科学》上刊载的原文，括号中的"应该理解为一半"是本书作者所加，可能的人类基因数量的增加是以线虫基因数量为基准，表达为"增加一半"才是合适的。

[†] 此处请教了作者，"一帮铤而走险"的原文是"a desperate band"，会让英语读者联想到一群强盗，所以才有"没绑弹药带（bandolier）"的诙谐说辞。

息，这一信念背后的想法是，杂乱的序列产生了更多的RNA活动，这些活动是让人类如此神奇的所有重要东西的来源。

然后就出现了"洋葱测试"。[8]洋葱的DNA容量是人类的5倍。洋葱是造物的奇迹之一，特别是当它们在橄榄油中发出嘶嘶声时，但制造这种蔬菜真的需要比制造人类还多的DNA吗？为了不让我们的自恋受到打击，得出洋葱和人类一样含有大量垃圾DNA的结论似乎更合理。这种观点的批评者包括虔诚的神创论者，他们钟情于"人类独一无二"的想法，是终极的自我中心者。他们不满足于只在私下里爱自己，并且相信人类是经过特殊设计的，比生物圈里的所有其他居民都更受优待。他们对洋葱含有一堆垃圾基因的想法感到满意，却很难接受人类的垃圾基因就是垃圾这一观点。

生物体的复杂性与其基因组大小之间的关系非常弱。对于复杂性，我们倾向于考虑有机体的大小、解剖结构，以及它活着在做什么。成为人类当然比成为线虫更有意义，但也许成为这两种有机体中的细胞并没有太大区别。这一点很重要，重要到值得反复强调：人类的活动部件比线虫多，但构成它们的个体细胞却是同等程度的复杂。

想想制造一架塞斯纳与一架最大客机空中客车A380的区别。显然，空中客车的制造过程有更多的步骤，但其中许多都是重复性任务。在两者的制造过程中，都有一些部件是要用转矩扳手固定螺栓来进行连接的。而在基因组流程中，指令得到了优化，因为大多数基因指导工具的制造，这些工具又足够聪明，可以自动完成任务。蠕虫和人类需要同样庞大的基因库进行新陈代谢、塑造解剖结构、协调运动、消化食物、提供免疫防御，等等；两者之间的差异似乎只存在于相对较小的基因子集中。

蠕虫亦和人类在脑容量上存在明显差异。线虫的脑由围绕其消化管前端的神经细胞环组成，跟人类脑袋里的超级计算机相比，它就是个算盘。人脑是一个大型器官，它被安置于一种步态直立、运动能力各异、拇指对生、视力良好、有明显暴力倾向的动物身上，使其能够四处游荡在这个自以为其拥有的星球上，而形成这些独特人类属性的遗传基础似乎很微小。

我们已经鉴定了几个可能解释人类具有大型脑的基因，蠕虫和我们的其他大猿近亲都没有这些基因。通过复制已有的基因，然后进行修饰以承担新功能，这些基因才得以形成。基因复制是进化的原动力，因为它是适应新任务所需额外信息容量的来源。其中两个与大脑发育有关的新基因影响神经细胞的生长和发育，当它们被插入小鼠基因组时，这些啮齿类动物的大脑产生了一组更厚的连接，大脑表面出现了更多褶皱。看着这些关在笼子里的小鼠，用粉色的爪子抓着铁丝、抽搐着胡须、眨巴着它们黑色大理石般的眼睛，我不禁在想，这些被囚禁的啮齿类动物的前景会随着它们大脑褶皱的变化，变得更黑暗还是更光明？

自从我们在数万年前离开东非大裂谷，人类基因组就已经被修改了。我们所有人的 DNA 都携带着突变，即序列中的字母互换，例如用一个 T 或 A 替换一个 C。这些修改大多不会造成伤害，但一些严重的遗传疾病也由此而产生。比如，泰-萨克斯病和镰状细胞性贫血便是由基因序列中单个字母的变化引起的。

每个人的基因组都有一套独特且详细的变化。任何两个人的基因组大概有 400 万~500 万个点的差异，听起来似乎很多，但这表示他们的 DNA 差异还不到 1%。[9] 即使同卵双胞胎也是在这个水平上存在细节差异，因为这些突变会发生在他们共同的胚胎分裂成两个之后。与非洲人相比，家族源自欧洲或亚洲的人在 DNA 上表现出的这种精细差异更少。[10] 这支持了已经确认的现代人类起源于非洲的说法：地球上最古老的人口拥有最大的遗传多样性。

这些基因修饰揭示了人类生物学的其他特征。首先，与大多数动物物种相比，人类的遗传多样性非常低；挪威人和尼日利亚人的 DNA 几近相同。其次，个体之间的差异与人口普查表格上出现的种族类别几乎没有任何关系。导致斯堪的纳维亚原住民和非洲原住民的肤色以及其他身体特征不同的遗传差异仅仅基于很少的基因。与遍布每个人基因组的较大变异相比，我们的地域差异非常小。

卡尔·林奈在 18 世纪给我们起了拉丁名，并根据肤色和感知到的行为差异，将智人分为四个地理变种 *。在这一种族分类的基础上，后来的科学家们创立了更明显的种族主义分类学，这些分类学将肤白的欧洲人置于智人这一物种的顶峰，并假定其他种族是通过退化形成的。遗传学研究已经粉碎了这些信念，但仍有一大拨人类对此坚信不已，这是我们自恋的又一表现。我们不仅不满足于将自然界的其他生物按照从可口到可恶的程度进行

---

* 即欧洲白色人种、美洲红色人种、亚洲棕色（后改为黄色）人种和非洲黑色人种。林奈先后将欧洲种、亚洲种和美洲种列为智人中的最高级变种，非洲种则始终列为最低级。这些分类和分级都是毫无科学依据的。

　　　　　　　　　　　　　　　　　自私的人类

排序，还要在我们自己的物种中想象出等级制度，而这些坚定的信念得来全不费工夫。对于那些没有在自己身上发现任何个人价值的人来说，种族主义可以成为一个便利的避难所。[11]

参考文献 ｜ 第四章

1　DNA 双螺旋直径为 2 纳米或 2×10^{-9} 米；每个人体细胞的 DNA 总长度为 2 米；直径与长度之比为 $1:10^9$。铅笔直径为 8 毫米，因此，相应的长度为 8×10^9 毫米，即 8000 千米。为了与细胞核的紧凑程度相匹配，这支 8000 千米长的铅笔必须折叠到一个浴缸中。

2　解剖学家威廉·哈维（1578—1657）在 17 世纪 50 年代采纳了这一观点，弗朗西斯科·雷迪（1626—1697）提供了实验证据——至少是针对昆虫——他详细描述了幼虫从卵中孵化的情况。

3　支原体属于最小的细菌之列，细胞直径在 0.2~0.3 微米（200~300 纳米）之间。微米单位的符号为"μm"，表示 1 米的百万分之一。微生物学家已经从科罗拉多州的地下水样本中发现了更小的细菌，但对它们的生物学知之甚少。病毒的感染性颗粒比细菌小得多，但它们不是细胞。蓝鲸是有史以来存在过的最大的动物，但它们可能会被形成蘑菇的菌落所产生的微小菌丝的总体质量所超过。参见 Nicholas P. Money, *Mushrooms: A Natural and Cultural History* (London, 2017).

4 "非凡"（extraordinary）这个形容词已经被 BBC 广播和电视上的英语评论员用得毫无意义。科学家和历史学家反复抛出这个词，以至于他们所描述的东西从定义上讲就不可能是非凡的。如果这种海贝的确非凡，那么海滩上的其他贝类就不可能非凡。

5 显微镜专家安东尼·范·列文虎克（1632—1723）严重分散了人们对人类生殖研究进展的注意力，他认为精子携带的是未出生的微型孩子，母亲只是孵化器。列文虎克的同时代人 Nicolaas Hartsoeker 用生活在精子细胞头部的小矮人（homunculus）的概念图发展了这一想法。列文虎克和 Hartsoeker 并未声称自己见过这些小矮人。参见 Kenneth A. Hill, 'Hartsoeker's Homunculus: A Corrective Note', *Journal of the History of the Behavioral Sciences*, XXI (1985), pp. 178‑9.

6 也可能存在更大的基因组，但衣笠草拥有目前已知最大的基因组，这一点已经通过运用现代方法测定其 DNA 含量而得到了证实。

7 Jean-Michel Claverie, 'What If There Are Only 30,000 Human Genes?', *Science*, CCXCI (2001), pp. 1255‑7.

8 A. F. Palazzo and T. R. Gregory, 'The Case for Junk DNA', *PLOS Genetics*, X/5 (2014), e1004351.

9 The 1000 Genomes Project Consortium, 'A Global Reference for Human Genetic Variation', *Nature*, DXXVI (2015), pp. 68‑74.

10 Ning Yu et al., 'Larger Genetic Differences within Africans than between Africans and Eurasians', *Genetics*, CLXI (2002), pp. 269‑74; L. B. Jorde and S. P. Wooding, 'Genetic Variation, Classification and "Race"', *Nature Genetics Supplement*, XXXVI (2004), pp. S28‑33.

11 Carl C. Bell, 'Racism: A Symptom of the Narcissistic Personality Disorder', *Journal of the National Medical Association*, LXXII (1980), pp. 661‑5.

第 五 章

Gestation

孕育

人 类 如 何 出 生

地球上每分钟有 250 个婴儿出生。这一过程的频繁发生，使其难以被称作奇迹，但令人着迷的新生儿的模样足以让这种草率的表达得到原谅，母亲们也应该为她们所受的痛苦而得到尊敬。经过 9 个月的隐蔽组装，他终于出生了，富有弹性、闪闪发光，让我们对自然的运作感到敬畏。他们真的很棒。如果作为成人的你，身体器官的有序安排让你能正常吸气、呼气、消食和撒尿，那么可以肯定的是，当你在胚胎中逐渐舒展时，那些纵横交错的化学反应要比现代生物工程师最狂野的设计展现出更大的魔力。

像其他有性动物一样，人类也始于两种细胞的融合。在一阵阵卵子香气的诱惑下，数百个精子细胞围绕着一个卵子晃动。其中一个精子推开卵泡细胞的阻挡，从头部吐出一滴酶，在卵子外层溶解出一条通道，并黏附在卵膜上。细胞核从精子进入卵子，受精过程由此开始。在24小时内，受精卵会分裂成两半。后续的分裂会形成一个细胞球，直至形成大约30个细胞时，它们会将自己组织成一个充满液体的球体，即囊胚。[1]囊胚的结构就如一群池塘藻类般简单。[2]

当囊胚内的细胞在其一端聚集，胚胎着床于子宫壁时，更复杂的情况开始出现。当身体的布局确定后，囊胚就变成了原肠胚。这一环节始于胚胎一侧出现一个凹陷，该凹陷将形成动物的背部，它是原条这一新生结构的一部分。这是一个早期导向系统，以确保动物的头部位于肛门的相反位置——这自有其优点。身体的左右两侧则位于原条的两侧。[3]

原肠胚的形成也与三个不同组织层的形成有关。最外层是外胚层，形成皮肤和神经系统；中间层，或称中胚层，是肌肉和骨骼组织的来源；内脏和肺则来自内胚层。随着组织层的展开，原肠胚内部形成了一种杆状结构：脊索。（在之后的发育中，随着骨质脊椎的形成，这根灵活的杆子会被脊柱吸收。）原条的一端出现了一个扁平的细胞板，它拉长并折叠自身，形成一根管子，容纳着神经索；神经索会形成脊髓，肿胀的部分则形成脑部。在动物远未发育得明显可识别之前的这段时间里，其胚胎和芝麻差不多大。

虽然脊椎动物的解剖结构比蠕虫和昆虫复杂得多，但它们在构造过程中存在许多相似之处。蚯蚓有明显的体节，外部可见呈环状，内部则为重复的身体部位。通过对一个标准化体节构型进行修改，就可以让所有体节都具有同样的部件。例如，在蠕虫的神经系统中，前端的一对脑肿胀是由不太明显的凸起引起的，其他体节的神经索上则会重复出现凸起。同样的道理也适用于昆虫。蜜蜂幼虫和成虫的身体都由一系列可见的体节组成，就像动物外骨骼上的环一样。口器和触角连接在成虫前端的体节上，三对足则连接在后部的体节上。

脊椎动物的节段性不太明显，但在沿脊柱的椎骨堆叠中很明显。每块椎骨对应胚胎中的一个体节。这里有一个共同的形体构型在起作用，这个构型可以容纳蛇的数百块椎骨和肋骨，在人类身上则减少到33块椎骨和12根肋骨。

胚胎中的每个细胞都包含该有机体的整个基因组。脑细胞与肺细胞的运作方式不同的原因在于，这两种细胞中活跃的是各自专门化的基因子集。随着胚胎的生长，

Hox 基因根据每个体节的功能来开启或关闭发育通路。Hox 基因按照表达的顺序沿着染色体排列，首先是影响头部形成的基因，然后是控制胚胎尾部发育的其他 Hox 基因。这种基因的排列方式有助于它们以正确的顺序逐段进行表达。错误会导致灾难性后果。果蝇发育基因的突变使它们的触角与粗短的足互换，扭曲其透明的翅膀，并将它们的眼睛缩成圆点。这些突变发生在脊椎动物身上的后果包括肢体发育异常、器官错位、面部畸形、癌症和听力损失。

对发育异常的研究被称作畸形学，这门科学中令人心碎的标本陈列在解剖学博物馆的广口瓶里。胚胎学家热衷于干扰鸡和其他动物的胚胎，而我们对人类畸形学的知识依赖于对自然编程错误（比如 Hox 基因突变）的分析。"14 天规则"*允许在人类胚胎形成原条以及左右和头尾组织开始出现之前对它们进行研究。在实验室受精并在培养皿中培养的卵子将正常发育一周，产生一个囊胚，如果囊胚被植入未来母亲的体内，它将能够在子宫里着床。新的培养方法已经成功地让相当畸形的胚胎

---

* 该规则最早由美国卫生部提出，目前已经成为国际准则，被包括中国在内的十多个国家采纳。它要求人体胚胎研究必须在受精后的 14 天内结束，胚胎在体外存活时间不应该超过正常情况下受精卵在子宫完成着床所需的时间。

自私的人类

在受精后生长了 13 天。[4] 这些技术的前景引发了修改现行立法的呼声，但伦理学家对此表示强烈反对。[5]

在神经管形成后，所有脊椎动物都会经历一个发育阶段，在这个阶段它们看起来惊人地相似。鱼类、两栖动物、爬行动物、鸟类和哺乳动物看起来都鱼气十足，像是肥硕的海马。[6] 比达尔文发表进化论早上几十年，对化石记录的研究表明，鱼类的进化早于其他脊椎动物。这激发了学者想到一个规律性的进化序列：从兽类登上陆地，到恐龙和鸟类的崛起，再到至关重要的维多利亚时代的绅士们。我们相信人类的创生是进化过程的高潮，这一信念也加剧了人们对命运逆转——兽性复发的可能性——的恐惧。罗伯特·路易斯·斯蒂文森在他 1886年出版的小说《化身博士》中助长了这种不安：

> 那种来势凶猛的……东西被关在他的肉体的牢笼中，他听到它在里边抱怨，感觉到它在挣扎着要求出世。每当他精力衰竭的时刻，那东西确信他睡着了，就起来压倒他，把他赶下台。[7]*

---

* 此处译文出自荣如德翻译的《化身博士》(上海译文出版社，2006)。斯蒂文森(1850—1894)是英国小说家，其代表作《化身博士》塑造了文学史上首位复重人格形象，主人公在善良的杰科和邪恶的海德这两种身份之间不断转换，最后在绝望与苦恼中自尽。

早期的胚胎学家认为，他们可以在不同物种的胚胎中看到进化过程的证据，由此出现了所有脊椎动物都经历过鱼类发育阶段的说法。这种相似性真实存在，但对胚胎的现代解读揭示了共同祖先的模式：我们都是从同一个古老的蠕虫祖先进化而来的。事实表明，鲑鱼经历了一个看起来像猎豹胚胎的发育阶段，鹰经历了一个看起来像青蛙胚胎的发育阶段，诸如此类。

在这一制造阶段，胚胎最突出的共同特征是头部以下发育出的褶皱，也就是咽囊。在鱼的咽囊之间的褶皱上会形成裂缝，进而形成鳃。陆地动物身上不会形成鳃裂，取而代之的是咽囊在各个体节的发育过程中变得非常重要。哺乳动物咽囊最上部形成中耳和鼓膜的一部分；为免疫系统培养保护性 T 细胞的胸腺则在第三和第四咽囊中发育。在胚胎的另一端，尾芽生长所带来的特征使得蜥蜴和斑马的胚胎难以区分。同时，眼睛、心脏及其他器官、肠道和四个肢芽也是在这个时候成形的。随着心脏开始跳动，胚胎开始呈现出将于几个月后出生的动物的形态。

不同动物从胚胎的共同构型中发育出其独有特征的方式美丽异常：蝙蝠的翅膀状皮肤在它们的指间得到拉伸，大象的鼻子与上嘴唇连接成小长鼻，长颈鹿的胚胎长出颀长的颈和精致的蹄。一波又一波的基因表达使得每一种哺乳动物在子宫里得到了精确的塑造。这些关键性的修改在出生后仍旧继续，成年哺乳动物的骨架揭示了物种之间看似深刻的差异中有多少是由于一组共同的骨骼的缩短或伸长而造成的。[8]

人类发育所需时间不及大象的一半。在有胎盘的哺乳动物中，小型啮齿类动物的组装工作是最快的，幼崽在两周内就会逃离子宫。有袋类动物在短短 12 天内出生，但它们只是无能的小指头，像蜜蜂一样小，接下来的几个星期都在母亲的育儿袋里度过。

鲸鱼和海豚的发育过程获得了令人惊叹的"胚胎转型奖"，它们的后肢芽被吸收，前肢则压平形成鳍。当一切都按计划进行时，一头抹香鲸妈妈会生下一只重 1 吨、长 4 米的幼鲸，它会被一小群鲸鱼推到水面，呼吸第一口咸湿的空气。抹香鲸的妊娠期为 14 ～ 16 个月，幼鲸的哺育时间为两年。赫尔曼·梅尔维尔在《白鲸》中描述了在子宫里和刚出生的幼鲸：

> 其中有一个小宝宝（从某些怪异的征象看来，
> 它不过生下才一天光景）长大约 4 米，腰围近 2 米；
> 尽管它还多少保留着不久以前在娘肚子里那种极

不自如的姿态，却已有了活蹦乱跳的迹象。一头快要出生的鲸总是脑袋和尾巴蜷在一起，像鞑靼人的一张弓似的，拉满了正等待着最后发射。它的柔嫩的边鳍和尾片依旧保持着像刚从另一个天地来到人世的婴儿的耳朵那样经过折叠皱皱巴巴的外貌。[9][*]

所有哺乳动物都来自陌生的环境，对泡在羊水中的那些月份没有记忆。1967年，堕胎在英国合法化，在此之前5年我出生了，我有充分的理由相信，如果允许的话，我的亲生母亲会选择堕胎。负压吸引流产术会把我吞没在遗忘中，我的养父母会得到一个不同的孩子。想到这些就令人不安，好在一些客观情况没让这一切发生。那个可能会被终止发育的胚胎并不是我，而是一个将会形成我的哺乳动物海马状胚胎。如果堕胎手术是在怀孕后期进行的，胎儿看起来会更像一个新生儿，但那也不是我，而是一个将会形成我的哺乳动物胎儿。胎儿尚在子宫内时，我们会把它当成一个哺乳动物；而个体——

---

[*]　此处译文出自成时翻译的《白鲸》（人民文学出版社，2011），稍作调整。梅尔维尔（1819—1891）是美国小说家，其代表作《白鲸》描写了亚哈船长为了追逐并捕杀一头白鲸，最终与白鲸同归于尽的故事。

一个人——要直到像鲸鱼一样呼吸第一口空气之后，才会表达自我。

埃德蒙·斯宾塞在《仙后》中用抒情的诗句表达了这种反事实思维的局限性[*]：

> 正如一艘轮船顺风扬帆行驶，
>
> 有个暗礁等着它触礁后哀思，
>
> 轮船避过暗礁，但全然不知，
>
> 可是船上的水手却吓得要死，
>
> 轮船逃过一劫，水手两眼发直，
>
> 心底里头既高兴，又忐忑不止……[10][†]

你人生中的某一块暗礁会是什么？在你过完马路的那一刻，一辆加速行驶的公交车呼啸而过，它的侧视镜正齐你头高，这时你会怎么想呢？就在几秒钟前，一家

---

[*] 反事实思维是这样一种思维方式：对于一个事实上的结果（你出生了），反思如果事先发生了别的情况（你被堕胎），可能会出现相反的结果（你没有出生）。所谓"局限性"则是指，有各种各样的情况会导致相反的结果，而人们所能想到的情况非常有限，甚至可能跟结果完全不相干。

[†] 此处译文出自邢怡翻译的《仙后》（北京时代华文书局，2015）。斯宾塞（1552—1599）是英国文艺复兴时期的伟大诗人，其代表作《仙后》描写了年轻的王子亚瑟与仙国一年一度的12天宴会派出的12位骑士相遇并共同冒险的故事，每位骑士均代表一种品德。

三明治店的橱窗后一只扑腾的黄色飞蛾让你分了心，于是你放慢脚步，多么幸运！是昆虫救了你的命，还是说你应该感谢没有费心打开橱窗清扫的清洁工？生活就是一趟险象环生的旅程，奔走不息，直到停止。可能发生的堕胎计划只是人生早期的一次选择。除此之外，如果你在出生时死亡，或者胚胎自发流产，或者将会形成你的那个受精卵未能着床，再或者你的父母在看似要怀孕的那天没有做爱，接下来会发生什么呢？在生活充满不确定性的情况下，这些早期的中断甚至会被证明是所有可能结果中最好的情况，免得未来的你被公交车的侧视镜撞倒，让你的家庭失去一位挚爱的家长。[11]

在弥尔顿的《失乐园》中，亚当对人类堕落后需要遵守那些令人痛苦的规矩感到苦恼，他质疑上帝创造他的动机是什么：

> 我可曾请求过你，造物主，把我从泥土
>
> 创造为人？我可曾请求过你，
>
> 让我脱离黑暗，或者被安置在这里，
>
> 在这个妙不可言的花园？
>
> （第十卷，第 743—746 行）

玛丽·雪莱将亚当的恳求作为《弗兰肯斯坦》[*]（1818）的开篇题记。在被火炉扫走了他本人以自我为中心的态度之后，维克多·弗兰肯斯坦本以为怪物会心存感激。在最好的情况下，生活是一份令人惊喜的礼物；在最坏的情况下，生活是一种不受欢迎的负担。考虑到我一生的命运，我很难对自己被生出来感到后悔。但另一方面，如果将会形成"我"的那个受精卵消失了，我也无法在此表达懊悔，更无法让少数珍视我生命的人认识我这个人。

据估计，每年人工堕胎的数量为 6000 万。如果禁止堕胎，全球人口的年增长率将从略高于 1% 上升到 2%。我们可以想象一个可能的公民群体，其中就包括那些没能走出子宫的个体，这个群体看起来非常像我们——可不止是大致一样，毕竟诗人和蠢人所占的比例没有改变。

对于一些反对堕胎的人来说，想到所有这些可预见但未出生的婴儿是难以忍受的。堕胎问题在他们的想象中迫在眉睫，关于堕胎的权利主导了其对政治候选人的

---

[*] 又译作《科学怪人》，被公认为世界上第一部科幻小说。小说主角维克多·弗兰肯斯坦是一位科学家，力图用人工创造出生命，却制造了一个怪物。怪物因无法融入人类族群而心生愤懑，誓死报复其缔造者。

选择。而在对宗教伦理的理解上，这些人可能走得更远，以至于禁止任何形式的避孕。这些观点被宣扬成对生命、对每一个人的爱。与生产一个婴儿的价值相比，那些与母亲意愿相关的议题——怀孕对她的健康造成的威胁，或者严重的胎儿异常的检测结果，都无足轻重。这当然是梵蒂冈的立场，并延伸到基督教正统的其他分支，以及伊斯兰教、印度教和其他宗教信仰。

虽然有些人一想到用负压把胎儿从母体吸出来就感到无比恐惧，但另一些人却对早期堕胎没那么不安，因为早期的胎儿和连同它一起被吸走的子宫组织是很难区分的。当胎儿发育出肢芽、脑部可辨认时，这两方的争论就会激烈起来。在美国，一些针对堕胎的法律挑战援引了胎儿可检测到心跳的时间节点作为分界；另一些则考虑胎儿能够在保温箱中存活下来的时间节点。

在关于堕胎的讨论中，胎儿是否能感知疼痛占据了突出位置，这也说明了堕胎议题的复杂性。[12] 对胎儿发育早期阶段的解剖学研究显示，一个明亮的神经纤维网络就像一个微型的河流三角洲，从原始的脑组织和脊髓延伸到发育中的四肢末端。这些网络出现在6~7周大的胚胎中，一串针头大小的凸起未来会形成大脑的不同区域；其中一些神经连接将感觉信息传递给大脑，另一

　　　　　　　　　　　　　　　自私的人类

些则传导那些控制运动的神经冲动。

晚些时候，也就是怀孕6~7个月后，位于大脑中央部分的丘脑与大脑皮层相连。丘脑起着中继站的作用，将分布在全身的感觉神经发出的信息传递到处理这些信息的大脑外皮层。胎儿出生后，这些通路使得我们感受冷暖，对别人推你做出相应的反应，在皮肤被割到时身体跟着退缩，诸如此类。出生前的情况更为复杂，因为尚不清楚胎儿在子宫中是否清醒。沐浴在温暖的羊水中，我们受到化学镇静剂的抚慰，这些镇静剂似乎将我们置于无意识的睡梦状态。[13] 健康的胎儿会移动四肢，对响亮的噪声做出反应，在子宫中踢腿打嗝，但这并不意味着胎儿是像新生儿与父母互动那样在有意识地做出反应。

与具有基本脑结构的人类胚胎相比，像果蝇这样的成虫在解码来自感官的信息、探索环境中的机遇与挑战等方面具有更强的能力。随着人类孕期的进程，胎儿和成虫在复杂性方面的对比已变得不那么强烈，自然界中最复杂的大脑出现在未出生的婴儿身上。即使胎儿睡着了，它也有一台功能超强的计算机，接收着来自子宫的信息。然而，对我来说同样重要的似乎是，我们在不假思索地虐待活体解剖的动物和更多易感的养殖动物。[14]

把人类独有的虐待动物的记录搁在一边，极度自爱的我们却无比清醒地声明，人类胎儿具有无可置疑的神圣性。

参考文献 ┃ 第五章

1　Jamie A. Davies, *Life Unfolding: How the Human Body Creates Itself* (Oxford, 2014), 是一本很好的人类胚胎学导论。

2　团藻是一种美丽的绿藻，具有球形群落，其表面被成百上千个细胞占据。每个细胞都配备了一对纤毛，用于协调它们的活动，以推动群落在水中运动。这些群落在游动时缓慢旋转，其运动被巧妙地描述为行星式运动。团藻通过在母球体内形成微型群落来繁殖，一个新群落的细胞及其纤毛朝向微小球体的内部。在成熟后，每个微型群落的一侧会凹陷，然后内部翻转，将纤毛露在外面得以游动。这种外翻过程类似原肠胚的形成，在胚胎学研究中被视为一种模式。参见 R. Schmitt and M. Sumper, 'Developmental Biology: How to Turn Inside Out', *Nature*, CDXXIV (2003), pp. 499‑500.

3　称作原窝（即正文提到的凹陷）和原结的结构形成于原条的一端。原结是第二章提到的结构，其中纤毛驱动的流体运动参与了左右轴基础的形成。

4　Janet Rossant, 'Human Embryology: Implantation Barrier Overcome',

Nature, DXXXIII (2016), pp. 182-3.

5   I. Hyun, A. Wilkerson and J. Johnston, 'Embryology Policy: Revisit the 14-day Rule', *Nature*, DXXXIII (2016), pp. 169-71.

6   B. Prud'homme and N. Gompel, 'Evolutionary Biology: Genomic Hourglass', *Nature*, CDLXVIII (2010), pp. 768-9.

7   Robert L. Stevenson, *The Strange Case of Dr Jekyll and Mr Hyde* [1886] (New York, 1980), p. 122. 赫尔曼·黑塞出版于 1927 年的杰出小说《荒原狼》也同样走了一条对人类进化论概念感到不确定的道路。

8   Jean-Baptiste De Panafieu and Patrick Gries, *Evolution*, trans. Linda Asher (New York, 2011). Patrick Gries 拍摄的哑黑背景的动物骨架的精美照片，展示了动物的多样性和一致性。

9   Herman Melville, *Moby-Dick; or, The Whale* [1851] (New York, 1992), p. 424.

10   Edmund Spenser, *The Faerie Queene* [1590] (London, 1987), Book I, Canto VI, 1-9.

11   Karl H. Teigen, 'How Good is Luck? The Role of Counterfactual Thinking in the Perception of Lucky and Unlucky Events', *European Journal of Social Psychology*, XXV (1995), pp. 281-302.

12   Morgane Belle et al., 'Tridimensional Visualization and Analysis of Early Human Development', *Cell*, CLXIX (2017), pp. 161-73.

13   David J. Mellor et al., 'The Importance of "Fetal Awareness" for Understanding Pain', *Brain Research Reviews*, XLIX (2005), pp. 455-71.

14   有些人一方面允许动物遭到折磨，另一方面却认为人类堕胎非法，这种不公正的姿态引来许多作家的针锋相对。Sherry F. Colb and Michael C. Dorf, *Beating Hearts: Abortion and Animal Rights* (New York, 2016) 对这些争论有着令人钦佩的平衡处理。

第 六 章

Genius

天赋

人 类 如 何 思 考

在我们阅读和思考时，监测我们的心肺时，绷紧和放松肌肉时，以及管理我们的肠道运动时，神经冲动沿着神经元冲刺，时速最高可达 400 千米。数万亿个这样的信号执行生命的机械任务，管理输入的信息，并从海量思维活动中提取秩序。我们就是我们的神经系统。虽然我们不能解释记忆是如何存档的，也不能解释我们是如何利用记忆的，但毫无疑问的是，当我们想到"秃鹰"时，大脑会接入关于一种特定鸟类的存储信息。鹰被记录在大脑中这个事实，对于理解我们自身非常重要。没有人相信鸟类的映像来自大脑以外的任何东西。引申开来显而易见的是，人类的精髓——每一种思想——都存在于大脑中，并随大脑而消亡。虽然进程缓慢但可以确定的是，科学已经将有争议的哲学概念"灵魂"打回神学的一潭死水中。[1] 我们的所有体验都是通过神经系统中化学物质的运动来获得的。

人脑是进化创造出的最复杂的计算设备之一。我们比牛和黑猩猩聪明，我们阔步行走、自封为王，自然界的其他生物则瑟瑟发抖。人脑的复杂之处很大程度上有赖于其曲折表面的最外层。我们的意识和语言能力来自160亿个神经元之间的信号传导，这些神经元被组织在称作新皮层的这顶海绵帽中。新皮层是哺乳动物解剖学的一个独特特征，这使得它成为一项相对较新的"发明"。（术语"新皮层"通常被简化为"皮层"，这个同义词将在下文继续出现。）爬行动物和更早的动物群体在没有这个附加装置的情况下也能应付环境。

生活在马达加斯加和部分非洲大陆地区的一种貌似鼩鼱、名为马岛猬的生物被认为跟最早的哺乳动物很相似。马岛猬的大脑皮层非常薄，而且表面光滑，不像我们在人脑切片中看到的那样有清晰的分层组织。在哺乳动物的进化过程中，一些进化分支的脑容量增加，另一些则缩小；最大的脑属于大象和鲸鱼。[2]

随着脑容量的增加，皮层扩大并形成深深的沟纹，以适应颅内空间。如果没有皮层褶皱，我们的头就会像

自私的人类

特大号的比萨一样宽。[3] 除了为人类提供独特的语言工具，大脑皮层还处理抽象推理，并划分出不同区域处理来自感官的信息。精细的运动技能——比如切洋葱或用笔写字——也是由位于皮层的神经细胞控制的。

然而，把大脑外层视为人类伟大的源泉是错误的，我们的很多体验和怪癖都是由大脑更深层的区域造成的。乐观主义 VS 悲观主义的基线水平、冒险、恐惧以及性欲等特质是我们的个性特征，这些行为特质是由位于皮层下方的边缘系统控制的。[4] 这个古老的脑复合体非常强大，我们必须保持警惕，以避免让它发出的更可怖的冲动控制我们的行为。人的智力的确很不错，但对飞行或马戏团小丑的恐惧可能会让最优秀的人精神错乱；源自边缘系统的不加约束的行为和令人成瘾的冲动也可能是毁灭性的，我们内心的恶魔完全有能力召唤出一片阴云来毁掉阳光明媚的一天。"心自有它的容身之地，在它自己的世界，能够把地狱变成天堂，把天堂变成地狱。"魔鬼撒旦在《失乐园》中如是说（第一卷，第 254－255 行）。

大脑的其他部分构建了我们自身和周遭环境的模型。当我们沿着一条林间小道行走时，大脑会生成一个虚拟的森林，包括树木和灌木的视觉映像、鸟鸣的声音和春天的花香。真正的森林是由树木、鸟类和鲜花组成的；拟像（simulacrum）则是由来自我们感官的电脉冲产生的，并在脑中得到解码。其他动物也做着同样的事情。飞蛾使用它们的感官和大脑中心的阵列来构建飞蛾版本的虚拟森林，这不禁让人想到关于人类独特性的关键问题。几个世纪以来，哲学家一直在努力列出一份天赋清单——从制造和使用工具到欺骗性行为、自我意识（照镜子）和模仿——想用它来界定我们人类无与伦比的心智，却没想到其他大猿、猴子、海豚、鲸鱼和乌鸦也能做到这些，甚至做得更好。敏锐的幽默感似乎是一个很好的赌注，直到我们研究了快活的年轻黑猩猩，发现它们表达自我所用的尖叫声很可能就是笑声。海豚也会做同样的事情；后来人们又发现，嬉戏的老鼠在被人类挠痒痒时会发出高频的唧啾声。[5]

语言是以句子的形式说、写和思考的，它是在这场天赋竞赛中表现最好的一种性能，毫无疑问，我们人类对言语交流的掌握让黑猩猩和大猩猩相形见绌。鲸鱼进化出了丰富的发音，但到目前为止，我们还无法翻译它们的语音。在我们能够破译座头鲸和抹香鲸的对话之前，我们可以为人类用来分享深刻和肤浅想法的语言的复杂性感到无比自豪。语言是所有其他似乎仅限于我们人类

自私的人类

拥有的特质的基础。

回到虚拟森林的例子，想象小道上放了一颗冰箱大小的钻石……它就在那里了！现实中不可能存在的宝石的出现也许看上去是自发的，但它始于一场源自内心的交流。鲸鱼可能过着奇妙的富于想象力的生活，似乎倭黑猩猩也有可能梦见堆积如山的成熟水果，但是，除人类之外的动物似乎没有创造现实中不存在的事物的能力。猫在梦中喵喵叫着追鸟儿，但是没有语言，它们就不能刻意选择在空荡荡的花园里炮制出一群鸟。这种基于语言的幻想能力是我们艺术冲动的源泉，从绘画、纹身、岩石上刻的象形文字，到音乐、舞蹈、透纳[*]的海景画和弥尔顿的诗歌。[6]我们通过语言发展出建筑、技术和科学，没有它，宗教乃至更复杂的社会仪式都是不可想象的。

勒内·笛卡儿认识到聊天是人类的最大特点，并认为其他动物由于没有聊天而无法思考，至少是不能以人类的方式思考。从人类思考自身的观察中，他发展了二元论学说，将进行思考的心灵或灵魂与作为思考对象的肉体分开。笛卡儿的二元论规定，只能在人类身上找到

---

[*]　透纳（1775—1851）是英国画家，善于描绘光与空气的微妙关系，以风景画和海景画闻名。

灵魂，强调了基督教对人类独特性的信心。[7]几个世纪以来，二元论作为人类自我满足的哲学基石，一直是以牺牲自然界的其他生物为代价的。托马斯·霍布斯在1648年遇到了笛卡儿，他认为二元论是无稽之谈；后来的哲学家，特别是伏尔泰，认为动物是不会思考的机器这一观点很野蛮。现在已经在昆虫身上发现了心智，这个游戏宣告结束了。[8]

家蝇（*Musca domestica*）长有刚毛的头的内部有一个罂粟子大小的脑，在家蝇几个月的寿命中保持着思考。这个"小电器"中的10万个神经元排列在不同的区域，由一对插入复眼后部的大视叶控制着。很多事情都发生在脑的中部，那里的中央复合体与一对称作蘑菇体的茎状结构相连。蘑菇体存在于所有昆虫以及蜘蛛、多足类和海洋蠕虫中，一位19世纪的法国生物学家发现了这一结构，他认为一些昆虫可能通过蘑菇体对本能行为施加智能控制。[9]通过观察动物在断头后的行为方式，他发现具有最小蘑菇体的物种保持着最大的运动控制力，并据此得出上述结论。更精细的实验表明，蘑菇体和中央复合体周围的小叶充当了一个站点，直接对气味做出反应。蘑菇体对学习和记忆至关重要，它使得昆虫能够识别各种气味，进而靠近或远离这些气味。蘑菇体可以与人类的中脑顶盖相比，后者负责处理来自我们的眼睛、耳朵以及大脑皮层的信息。

家蝇的飞行速度适中，为每小时 6 千米。但当家蝇的翅膀以每秒 300 次的频率拍打时，它的飞行时速可以达到 24 千米，然后来个灵巧的半旋转，倒立着停在天花板上。这些特技飞行动作能躲过一个长着百万倍大的脑袋、正恼火地挥舞着报纸卷的人。这种昆虫会用复眼——每只复眼都有 4000 个六角形镜头——跟踪它的捕食者，用触角感知气压的变化，在报纸拍到墙壁前的 0.01 秒就飞走了。家蝇每秒能比人类收集更多的映像，从而拉长了时间，这样它们就有机会测算即将拍过来的报纸，并在确定了报纸朝它运动的路线后采取闪避行动。对于昆虫来说，时间似乎过得更慢。[10] 雌蜉蝣作为成虫的寿命是动物界最短的，在此期间，它的任务是在 5 分钟内完成觅偶、交配和产卵。它的"暑假"只有 15 秒，用来清洁自己的翅膀，享受午后的暖阳: *carpe secunda*。*

---

* 　有一个常用的拉丁语表达是 *carpe diem*，意为抓住现在、及时行乐，*diem* 表示作为时间的"天"。作者此处用拉丁语 *secunda* 替换，它是意为"第二"的 *secundus* 的阴性，中古英语则借用这个"第二性"的意味，把排在 minute（分）之后第二位的时间单位称作 second（秒）。于是，这个生造的拉丁语表达 carpe secunda 可以理解为抓住每一秒，此处用来形容蜉蝣的生命非常贴切，而且文中提到的是雌蜉蝣，亦对应阴性。总之，作者是通过文字游戏传递一种幽默。

管风琴泥蜂 *是一种美丽的昆虫，其宝蓝色的躯干和翅膀在俄亥俄州夏日午后的阳光下闪闪发光。它们在我家花园的各个区域巡逻了几个星期，反复飞回到相同的地点，捕捉并麻痹蜘蛛，让其充当自己幼虫的活体储藏室。这种狩猎行为所涉及的丰富的主观体验挑战了人们长期以来认为昆虫是不会思考的机器人的观点。泥蜂的毒液夺走了蜘蛛的肌肉控制力，虽然蜘蛛还具有决策能力，却失去了对逃跑冲动采取行动的能力。我们很容易同情猎物，也很容易想象捕食者拥有丰富的精神生活。也许泥蜂把毒液注入蜘蛛体内时是快乐的；蜘蛛几乎肯定会被自身的处境所困扰——它想要移动，但迈不开足。即使我们认为昆虫比人类更像机器人，或者其行为更容易预测，但它们无疑为我们赋予人类的更广泛的意识提供了一个研究模型。

对昆虫心智的研究极大地挑战了人类与其他有大脑的动物在意识上存在根本差异这一信念。自由意志通常被认为是一种特质，但昆虫对气味的反应与我们做出再倒一杯酒还是塞上酒瓶的抉择相比，似乎没有根本区别。德国哲学家亚瑟·叔本华明白，自由意志是一种错觉：

---

* 因蜂巢呈管风琴状而得名。

"你可以做出你所意欲做出的行为，但你在你生命中的每一既定的一刻，却只能**意欲**做出某一既定的行为，除此以外绝对不会意欲做出其他别的。"[11]* 我们为应对特定机遇和挑战而做出选择时，并不像我们以为的那样没有障碍。

把一些精神病剧目改短之后，同样适用于昆虫和蠕虫。通过测试蠕虫对块菌的刺激性气味的反应，我们可以让蠕虫变得固执。[12] 在脑中形成环路的三个神经细胞的活动决定了蠕虫在探测到气味时的反应。蠕虫有时会改变方向，朝着气味蠕动，但如果它在忙别的什么事情，也可能会继续沿原路前进。通过改变这三个神经细胞的活动，研究者能够控制蠕虫对块菌气味的反应，从而剥夺了蠕虫的选择余地。

当我们观察昆虫和蠕虫的行为时，显而易见的是，它们对气味和其他刺激的反应是基于概率的，这意味着存在与特定反应相关的统计可能性。这超越了扫地机器人，后者被编程为每次碰到障碍物时都会掉头；而更智能的机器人就像这些简单的动物，配备了概率软件。一旦我们将意识和自由意志的概念还原到它们的本质，显

---

* 此处译文出自韦启昌翻译的《叔本华论道德与自由》（上海人民出版社，2011）。

然所有的生命以及每个个体细胞，都在其活动中表现出某种形式的决策。[13]

黏菌生长在朽木上，可以学会朝一个方向而不是另一个方向生长，从而得到食物的奖赏。没有大脑，没有任何种类的神经，这些微生物对训练所做出的反应就像狗对巴甫洛夫的铃声、人对烘焙咖啡的气味一样。有一种生活在海洋中的单细胞藻类，它配备了一只带晶状体和视网膜的眼睛，用来探测捕食者和猎物形成的阴影。就像多细胞有机体一样，这种令人惊叹的微生物会收集视觉映像，并通过游离威胁和游向食物来做出反应。最后还有一个不涉及神经的敏感性的例子，一种真菌菌落可以在1千克土壤中形成1300亿条微丝，在寻找食物残渣并与植物根连接的过程中，这些微丝保障了整个菌落之间的化学通信。当菌落的一部分发出信号表示定位了一处食物时，这种真菌就会改变自己的生长，并将营养输送给表达出合作意愿的植物。[14] 所有的生物都在感受、思考和说话。

虽然其他动物的脑与人脑的运作原理相同，但对于我们这样体型的动物来说，我们的脑是非常大的。核桃大小的猫脑占其体重不到1%；甜瓜大小的人脑占我们体重的2%，却吞噬了我们卡路里摄入量的五分之一。

大型哺乳动物往往有着比小型哺乳动物更大的脑，如果考虑到这一点，我们应该预期人脑的大小像个橙子，这可能看起来不足以完成我们作为人类的任务，但像这样一个小小的脑确实为我们的一个人科亲戚——曾经住在非洲南部的纳莱迪人（*Homo naledi*）服务过。[15]

其他近亲的脑容量——通过对其化石头骨的大小来测量——存在很大差异，从南方古猿的半升到直立人的一升，尼安德特人则超过一升半。350万年前，有多种南方古猿遍布东非；直立人是从南方古猿进化而来，向东最远迁徙到中国境内。一些古生物学家认为，尼安德特人是智人的一个亚种，他们进化出现于25万年前，集中在欧洲，灭绝于4万年前。尼安德特人比我们强壮、视力更好、吃的食物更多、脑部略大于我们。共享的基因表明，我们曾与这些强壮的亲戚交配过。[16] 每一个关于人类优越性的拙劣说法都会追溯到两足猿类的脑容量在一段很短的时期内的显著增加。

我们还不确定为什么增加脑容量的基因在人类进化史上会得到奖赏，但是存在一些令人信服的理论。自然选择将有效的基因从无效的基因中分拣出来，让那些最佳工具得以延续，并将垃圾抛弃。由此推论，较大的脑使得我们的祖先留下了更多的后代。还有一个听上去最有可能的解释，虽然它并不是对我们的赞美；托马斯·霍布斯最先说到这一点，也说得最好："在公民社会之外，人的状态（也许可以称之为自然状态）无非就是所有人相互为敌的战争。"* 他把这个说法表述为著名的拉丁语格言：*bellum omnium contra omnes*（一切人反对一切人的战争）。[17] 大型的脑是我们用于躲避捕食者和猎杀其他动物的有利条件，比这更大的脑则能让我们在与其他人科动物的战斗中取胜。我们的智力进化成了一种武器。[18]

在与人科家族中其他毛发更浓的大多数人的史前斗争中，我们的胜利是不容否认的。当我们用棍棒和长矛攻击那些在草原上非常不幸地与我们相遇的物种时，屠杀接踵而至，而不断变化的环境条件终结了其他物种。数百万年来，各种猿类出现了又消失，我们则是我们这个属的最后一个物种。我们消灭了欧洲的尼安德特人和像霍比特人一样的小脑袋亲戚——印度尼西亚的弗洛勒斯人（*Homo floresiensis*）。[19] 这些物种的灭绝遵循了一种更普遍的模式，即每当人类出现时，就有大型动物消失。针对竞争对手的暴力是一个关乎生存的问题，但我们也有为了体育运动而杀戮的持久记录。在物种内部实

---

* 此处译文出自应星与冯克利翻译的《论公民》（贵州人民出版社，2004）。

施暴力，或称部落战争，则是我们臻于完美的另一项技能；再加上人口迅速增长，食物和水都耗尽了，很可能由此导致大大小小的群体离开非洲。

相互竞争的若干理论表明，性选择在人类历史上已经开始发挥作用，女性会选择脑袋更大的男性。她们的想法是，大脑袋与艺术天赋、能说会道、舞姿翩翩或其他一些女性认为有吸引力的特质相关。性选择可以迅速起作用，以一种难以控制的方式驱动脑部扩张，这让人想起对孔雀尾巴和鹿角起源的推测。* 其他生物学家则认为存在这样一种可能性，即随着我们社会互动的加深——从合作狩猎的必要性到工具制造和烹饪等专门化角色分工的出现——脑容量也随之增加。我们之所以如此聪明，最有可能的原因是集上述因素于一身，一个伟大的军事家所具备的大脑很可能同样擅长其他事情：朱利乌斯·凯撒和尤利塞斯·S. 格兰特既会打仗，也写得一手好文章；圣女贞德舞技堪比天使；而拿破仑还会下棋。[20]

作为宇宙中——至少在银河系一带——最强大智慧

---

* 这种推测最早出自达尔文的《人类的由来及性选择》（1871）。达尔文认为，由于雄孔雀的大尾巴和雄鹿的大角是更受雌性青睐的性状，使得它们能繁殖更多的后代，让这些性状得以遗传并不断强化。

的载体，我们凝视着夜空，感觉自己被这些光点之间的广袤时间所浓缩。没有其他生物可以沉思这些事情。从这个意义上说，成为人类而非昆虫似乎是幸运的；但大脑袋也是一种累赘，它告诉我们，意识如白驹过隙，所有这些瞬间，都将湮没于时间中，就像泪水消逝在雨中。[*]大脑的边缘系统带着可怕的规律性向如我这样的硬核恐死症患者发送着提醒，那么，带着些许不安，我将在下一章专门讲述生命的丧失以及它是如何发生的。也许我们还有一线希望？

---

*　"所有……雨中"这句话出自经典科幻电影《银翼杀手》（1982），被誉为影史上最动人的临终独白。

参考文献 | 第六章

1 对于基督教神学家来说，灵魂仍然是一个必要的假设，他们争辩说，神经科学不能解释我们宏大的情感生活。他们不提供任何解释，却要求我们接受以下说法：灵魂处理的是像爱情这样更美好的情感，而把记得去邮局这样的日常任务留给大脑处理。如果你花点时间去理清这些说法，就会很容易发现，神学家捍卫灵魂仅仅是因为他们的信仰需要有灵魂的存在。没有灵魂，我们就没有比蚯蚓更宏大的永生前景，然而这种说法丝毫不会让我感到困扰。

2 非洲象的脑重 4.5~5 千克；抹香鲸的脑重 8 千克。

3 人类大脑皮层的两个半球总表面积为 0.24 平方米。如果把褶皱拉平，形成一个光滑的半球，它的直径会是 0.39 米。

4 Michael O'Shea, *The Brain: A Very Short Introduction* (Oxford, 2006).

5 J. Polimeni and J. P. Reiss, 'The First Joke: Exploring the Evolutionary Origins of Humor', *Evolutionary Psychology*, IV (2006), pp. 347-66; R. Rygula, H. Pluta and P. Popik, 'Laughing Rats Are Optimistic',

PLOS ONE, VII/12 (2012), e51959.

6 Gillian M. Morriss-Kay, 'The Evolution of Human Artistic Creativity', *Journal of Anatomy*, CCXVI (2010), pp. 158-76. 尽管存在英国白人男性的偏见，但透纳和弥尔顿首先浮现在我的脑海中，如果用来自另一种文化的画家和诗人代替他们，那就有点虚伪了。

7 本句所用"Cartesian"（笛卡儿的）一词源自笛卡儿的拉丁化名字 *Cartesius*。

8 A. B. Barron and C. Klein, 'What Insects Can Tell Us about Consciousness', *Proceedings of the National Academy of Sciences*, CXIII (2016), pp. 4900-908; C. J. Perry, A. B. Barron and L. Chittka, 'The Frontiers of Insect Cognition', *Current Opinion in Behavioral Sciences*, XVI (2017), pp. 111-18.

9 Nicholas J. Strausfeld et al., 'Evolution, Diversity, and Interpretations of Arthropod Mushroom Bodies', *Learning and Memory*, V (1998), pp. 11-37.

10 Kevin Healy et al., 'Metabolic Rate and Body Size Are Linked with Perception of Temporal Information', *Animal Behavior*, LXXXVI (2013), pp. 685-96; Rowland C. Miall, 'The Flicker Fusion Frequencies of Six Laboratory Insects and the Response of the Compound Eye to Mains Fluorescent "Ripple"', *Physiological Entomology*, III (1978), pp. 99-106.

11 Arthur Schopenhauer, *Essay on the Freedom of the Will*, trans. Konstantin Kolenda (Mineola, NY, 2005), p. 24. 引文中的强调是原文所有。

12 Andrew Gordus et al., 'Feedback from Network States Generates Variability in a Probabilistic Olfactory Circuit', *Cell*, CLXI (2015), pp. 215-27.

13 T. Brunet and D. Arendt, 'From Damage Response to Action Potentials: Early Evolution of Neural and Contractile Modules in Stem Eukaryotes', *Philosophical Transactions of the Royal Society B*, CCCLXXI (2015), DOI: 10.1098/rstb.2015.0043; P. Calvo and F. Baluska, 'Conditions for Minimal Intelligence across Eukaryote: A Cognitive Science Perspective', *Frontiers in Psychology*, VI (2015), DOI: 10.3389/fpsyg.2015.01329.

14 黏菌研究出自 R. P. Boisseau, D. Vogel and A. Dussutour, 'Habituation in Non-neural Organisms: Evidence From Slime Moulds', *Proceedings of the Royal Society B*, CCLXXXIII (2016), DOI: 10.1098/rspb.2016.0446; 带眼睛的藻类出自 T. A. Richards and S. L. Gomes, 'Protistology: How to Build a Microbial Eye', *Nature*, DXXIII (2015), pp. 166-7; 计算蘑菇菌落的数据出自 G. W. Griffith and K. Roderick, in *Ecology of Saprotrophic Basidiomycetes*, ed. L. Boddy, J. C. Frankland and P. van West (London, 2008), pp. 277-99, and Nicholas P. Money, *Mushroom* (New York, 2011). 当研究者用玻璃针或微量吸液管穿透它们的细胞进行各种测量时,藻类和真菌的单个细胞表现出了敏感性。在一种免疫反应中,这些细胞会立即做出反应,用大量细胞质团封住针尖并展开攻击。

15 2013 年和 2014 年,在一个洞穴系统中发现了来自 15 个纳莱迪人的化石; Lee R. Berger et al., '*Homo naledi*, a New Species of the Genus *Homo* from the Dinaledi Chamber, South Africa', *eLife*, IV (2015), e09560; Paul H.G.M. Dirks et al., 'The Age of *Homo naledi* and Associated Sediments in the Rising Star Cave, South Africa', *eLife*, VI (2017), e24231.

16 Cosimo Posth et al., 'Deeply Divergent Archaic Mitochondrial Genome Provides Lower Time Boundary for African Gene Flow into Neanderthals', *Nature Communications*, VIII (2017), DOI:

10.1038/ncomms16046.

17 Thomas Hobbes, *De Cive: The English Version* [1651] (Oxford, 1983), p. 34.

18 George R. Pitman, 'The Evolution of Human Warfare', *Philosophy of the Social Sciences*, XLI (2011), pp. 352-79; José M. Gómez et al., 'The Phylogenetic Roots of Human Lethal Violence', *Nature*, DXXXVIII (2016), pp. 233-7.

19 W. Gilpin, M. W. Feldman and K. Aoki, 'An Ecocultural Model Predicts Neanderthal Extinction through Competition with Modern Humans', *Proceedings of the National Academy of Sciences*, CXIII (2016), pp. 2134-9; Thomas Sutikna et al., 'Revised Stratigraphy and Chronology for Homo floresiensis at Liang Bua in Indonesia', *Nature*, DXXXII (2016), pp. 366-9.

20 Marina Warner 在 *Joan of Arc: The Image of Female Heroism* (Berkeley, CA, 1981) 中将圣女贞德描述为隐喻意义上的舞者。我们对这位十几岁的"奥尔良少女"知之甚少,把她描绘成一名舞者纯属幻想。

自私的人类

第七章

Graves

坟墓

人 类 如 何 死 亡

克里斯托弗·伊舍伍德在他的小说《单身》中这么描写死亡："灯火旋即一一熄灭，全身陷入黝黑一片。"[1]*我们都知道死亡是会来临的，但死亡的原因可能很难把握。《圣经》解释说，死亡是上帝对夏娃决定爱知识而选择不服从所做出的惩罚。无论我们选择从伊甸园的神话中相信什么，当我们享受生活时，死亡无疑是一种严重的惩罚。人们谈论死亡时说到的唯一确定的好处是，它为下一代扫清了障碍：祖辈得离去，为孙辈挪窝。[2]这种令人欣慰的想法却没有让我们认识到，孩子死掉是

---

*　此处译文出自宋瑛堂翻译的《单身》(南方出版社, 2014)。伊舍伍德(1904—1986)是英裔美国作家，《单身》讲述中年英语教授乔治在其爱人吉姆因车祸去世后，自己在世最后一天的所见所感。

比老人死掉更有效的抑制人口增长的方法。这让我们陷入了左右为难的境地：如果不需要老人家去死来腾出空间，为何我们必然会变得垂垂老矣，目睹最亲爱的朋友辞世，而无论是否做好了准备，我们自己也终将或疾或徐地上路呢？如果这样做不是出于仁慈，或许我们可以拒绝上路？克里斯托弗·马洛笔下的浮士德博士认为，拒绝上路是有可能的，但在剧作的最后一幕，魔鬼登场，浮士德无可奈何地说道："啊，靡菲斯特！"然后他就像其他人一样上路了。[3]*

关于人类衰老和死亡的原因有很多似是而非的看法，直到 20 世纪中叶生物学家接受了一种清晰的、基因视角的衰老观点，这个谜团才被解开。[4] 答案是这样的：动物仅仅是基因的容器。有效的基因允许单个动物存活，这使得它们——也就是基因——更有可能遗传给后代。进化对年长者身体上的缺陷视而不见，因为防止衰老并不具备生物学价值，所以才会出现死亡。[5] 我们由进化锻造而成的身体机制，只负责我们生存到睾丸出现下垂、卵巢开始萎缩、自己的基因已经强加于新人的

---

* 　马洛（1564—1593）是与莎士比亚同时代的英国剧作家，其代表作《浮士德博士的悲剧》讲述学者浮士德把灵魂卖给魔鬼（靡菲斯特），魔鬼供他驱使 24 年，到期后他的灵魂被魔鬼劫往地狱的故事。

年纪。[6]当年轻人在造人方面很有效率时，就没有必要让满脸皱纹的人像兔子一样继续交配。但是，死亡并不具有任何天生的进化优势，因此不太可能存在以杀死我们为目的的死亡基因。[7]

皱纹和其他弹性减弱的表现来自我们细胞中的分子变化，其中包括不牢靠的蛋白质分子的形成，以及消除这些不适当的分子的质控机制出错。一个相关的问题是，每次细胞分裂时，保护基因的染色体末端的帽子都会变短。随着这种修剪的进行，细胞逐渐退化，免疫系统变得迟钝，与年龄相关的疾病开始出现。细胞由于蛋白质问题和染色体变短而筋疲力尽，线粒体则释放出反应性化学物质，让细胞进一步丧失能力，老化的细胞核膨胀得有如垂死的恒星。[8]

衰老是不可避免的，因为进化主要关注那些将身体从受精卵塑造为成体，并使下一代卵子受精的遗传程序。老年细胞中故障分子的积聚，反映了遍及整个宇宙的无序或熵的持续增加。[9]这种熵规则用热力学第二定律表示为：

$$\Delta S = \delta Q / T$$

其中，ΔS 表示熵的变化、δQ 表示热传递、T 表示温度。这个公式指示着，我们身体的温热迟早会传递（δQ）到环境中，直至从背景温度（T）中检测不到我们。我们手持一个老式温度计，看着汞柱上升；把温度计放在桌子上，看着汞柱下降。艾米莉·狄金森写道："我还活着，我猜。"[10]* 在生命的最后几个月，作家克里斯托弗·希钦斯描述了他的熵感觉："像水里的糖块一样无能为力地渐渐溶化。"[11]†

在坟墓之上，我们的身体是一个冷却的宇宙中由有序的分子组成的一座座岛屿。在基因表达错误的累积，以及病毒和过多环境毒素造成的持续破坏中，熵随处可见。[12] 这就是为什么最长寿命几乎不可能超出据说 122 岁纪录的原因，而且，我们中很少有人能享受超过 33000 天。我们的寿命比大多数脊椎动物都长，包括一种产于澳大利亚的鱼，它在两个月内就走完了一生；但我们比不上格陵兰鲨鱼，后者可能会活过它的 300 岁生日。[13] 如果将无脊椎动物纳入比较，我们可能会因为一条线虫仅在蠕动 3 天后就死亡而倍感振奋，也可能会因

---

* 狄金森（1830—1886）是美国诗人，20 世纪现代主义诗歌的先驱，这是她一首诗的题目。

† 希钦斯（1949—2011）是美国公共知识分子，他于 2010 年被确诊为食道癌晚期，在此期间继续坚持写作，著成《人之将死》一书。

为一只冰岛蛤蜊在冰天雪地里顽强坚持了 500 多年而倍感沮丧。[14]

在鲨鱼和蛤蜊的鼓励下，渴望延年益寿的人相信激素替代疗法、维生素、酶、抗病毒药物、鱼油、植物提取物和香菇的效果。传统的中医里充满了以濒危物种为代价的灵丹妙药，然而，再多的犀牛角或穿山甲粉末也无法让任何人永生。怀着类似的虚荣心，一些加州人迷信超低温冷冻头部技术，仿佛它就像从尸体中取出器官，用亚麻布条裹起来，然后装进金字塔一样顶用。不过，即使是追求这种冷冻的最狂热支持者似乎也对结果持怀疑态度，因为他们中没有一个人选择在死前将头部包裹在液氮中。*

或许，对死亡过程的恐惧比对死亡后果的恐惧更具合理性。每个人都宁愿避开痛苦地死去，即便断气被当成对痛苦的解脱，但是当想到无法享受未来的娱乐活动时，大多数人都会感到悲伤。古罗马诗人、伊壁鸠鲁派哲学家卢克莱修给我们带来了一些希望，他愉快地坚持认为没出生和已死亡这两种状态具有对称性，并且提醒

---

* 等待复活的头部会保存在 −196℃的液氮环境的特殊容器中，如果这些人真的相信冷冻技术可以让他们起死回生，他们应该在死之前就试一次先冷冻再苏醒。事实上，目前的科学技术并不能让被冷冻的人复活，科学界主流认为未来也无法实现复活。

我们，我们已经在前一种状态中度过了很长一段时间。[15]

这说得都很好，但现代的法老们仍旧以古代皇室的饱满活力来追求转世再生，并在自己的大脑信息上传到计算机后，将信仰寄托在硅片（*in silico*）的持久力上。

关于全脑仿真这门伪科学的可行性研究表明，每个大脑需要一台内存为1PB（10^{15} 或 1 千万亿字节）的计算机。[16] 这是一个问题，至少在我写这本书的时候是个问题，因为惠普公司制造的最大的单内存计算机也只有区区 160TB 的内存（不到大脑所需的六分之一）。看起来是我们太聪明了，难以被拷贝，这似乎是对我们脑力的一个非常积极的评价，毕竟我们会在委员会会议上连某个喋喋不休的熟人的名字都想不起。造成这种情况的原因是，大脑的存储容量和它的处理速度之间存在差异。与计算机芯片千兆赫兹的时钟速度（clock speed）*相比，神经冲动的传输速度非常慢，这就解释了为什么当会议在龟速进行时，我们又想起了那个熟人的名字。

复制大脑的计划面临的技术障碍是巨大的，在搞清楚脑细胞如何存储信息之前，我们将无法以任何方式仿真一只果蝇，更不用说一位加州演奏大师了。即使我们

---

* 即时钟频率（clock rate），它以"若干次周期每秒"来度量，单位是赫兹。它是评定 CPU 性能的重要指标。

自私的人类

解决了这些问题，创造了一个功能正常的大脑复制品，这个人工合成的幽灵分身的体验也将与作为其蓝图的前世真身完全不同。它可能会变成天使或怪物。想想看：同卵双胞胎中死去的一方还活在其幸存的兄弟或姐妹身上吗？诗意地说，他还活着，但不是以一种与逝者相关的方式。在卢克莱修之后两千年，永生的幻想仍然作为自恋人的另一种自以为是的伟大表演而存在着。

在生命之树的其他地方，永生的前景有所改善。微生物很久以前就掌握了这门手艺。当糖分充足时，酵母细胞复制其染色体，并将其中一组染色体推入从其表面长出的芽中。单个酵母（母细胞）能够以这种方式分裂长达一星期，产生 20 个芽（子细胞），然后它就会因为基因表达和蛋白质循环发生故障而失去分裂能力。与此同时，每个子细胞都会产生它自己的一群芽。这里有一个令人惊叹的返老还童过程，它将母细胞的所有衰老缺陷从它的芽里清除了。[17] 这就使得酵母可以获得某种永生。个体虽然死亡，但它们的基因组仍然存在于它们的芽里。哺乳动物做不到这一点。我们能做到的最好程度就是把我们的一半基因传给子辈，四分之一传给孙辈。在仅仅几代人的时间里，我们个人的 DNA 排列就会变得杂乱无章、面目全非。

有资格获得永生的最复杂的动物是水母。水母会在它们的生命周期内得到改造，从游动的微小幼虫变成扎根海底的群体，其令人熟悉的钟形身体拖着触须有规律地摆动着。钟形身体会产生卵子和精子细胞，形成受精卵，再变成幼虫。这些海洋生物中有几个物种具有非凡的缩小能力，能收起触须并恢复附着状态的群居生活。[18]这种把戏好比蝴蝶变回幼虫，或者退休社区的老人醒来时变成了儿童。水母的返老还童是从养在海水罐子里的水母身上发现的，目前还不知道这种情况在自然界中发生的频率有多高。不过，性仍然是最有效的繁殖方式，因为大多数水母要么死于年老，要么被海中的捕食者吃掉。

关注受损细胞和衰竭器官再生的再生医学领域的专家对水母生命周期的逆转感到兴奋，这种发育的可塑性鼓励了下述想法，即我们或许能用新鲜的组织取代不能再用的身体部位。使用人类干细胞的实验性疗法是这一尝试中最鼓舞人心的部分。干细胞是没有特定"职业计划"的细胞，具有在未来充当特定角色的潜能。人体内的 200 种细胞都来自受精卵的分裂。胚胎囊胚期形成球体的细胞保留了完全的可塑性，这就解释了为什么胚胎细胞在医学上如此有价值，但用它们治疗疾病会引发一

　　　　　　　　　　　　　　　　　　　自私的人类

些相当重要的伦理问题。骨髓中的干细胞是一种替代选择，但它们的发育选项仅限于成为不同种类的血细胞。从脐带或胎盘排出的血液是另一种争议较小的干细胞来源，可用于治疗血液疾病。干细胞疗法在治疗一系列其他致命疾病方面显示出巨大的希望，但它们似乎和冷冻头部一样不可能让我们活到超出基于热力学第二定律的最长寿命。正如莎士比亚在《辛伯林》中写的那首挽歌："富贵人家的少爷小姐，和穷人一样的归于泉壤。"（第四幕，第二场）[19]

那么，你会怎么死？最有可能是心脏在 30 亿次收缩后停止，紧随其后的是癌细胞对器官的损害，慢性阻塞性肺疾病导致的呼吸系统崩溃则是第三种最常见的告别方式。这些疾病原因加在一起，终结了发达国家一半公民的娱乐活动。突发意外和脑卒中又占了十分之一。仅从统计数字上来看，剩下的临终疾病属于享受优待的死亡，其中少部分人死于以阿洛伊斯·阿尔茨海默医生（51 岁时死于心衰）和詹姆斯·帕金森医生（69 岁时脑卒中去世）之名命名的病症，以及各种名字粗俗的肝肾疾病。*

---

* 根据对《2017 全球疾病负担研究》报告的系统性分析，中国人的死因前几位依次是脑卒中、各种癌症、心脏病、慢性阻塞性肺疾病、交通意外；中国人的脑卒中发病风险为全球最高，这与盐摄入量过高有关。

在内科医生看到科学的益处之前，传染病堪称一种可靠的死刑判决。随着对公共卫生的重视，产科医生和外科医生洗手程序的引入*，以及疫苗和抗生素的发明，我们才开始存活得足够久，直到我们的心肌疲惫，而其他细胞失去刹车装置，肿瘤长满我们全身。在昂贵药物和干净饮水稀缺的贫穷国家，导致艾滋病、肺炎、腹泻和疟疾的微生物继续消耗着人口。在相互杀戮和国际冲突的中心地带，爆炸装置造成的死亡是一个额外的风险。不管怎样，命运女神旋转着她的命运之轮，我们就被卷走了。超过 1% 的人类通过上吊、开枪、服毒和跳楼来解决自己。格陵兰人在自杀排行榜上高居榜首，生活在这个没有阳光的寒冷岛屿上，四分之一的居民曾试图在某个时刻自杀。[20]

当以为自己已经死亡时，格陵兰人和我们其他人其

---

* 　1847 年，在奥地利维也纳一家医院工作的匈牙利医生伊格纳茨·塞麦尔（1818—1865）发现，在该医院的两个产房中，由医学生负责接生的产房的产妇产褥热死亡率比由助产士负责接生的产房高出两三倍。经过观察和检验后，他推测这是医学生在进产房之前从尸体解剖室带入了传染物（当时还不知道微生物致病），因此要求学生用漂白粉液洗手消毒，从而显著降低了产妇死亡率。这一做法后来在匈牙利得到了推广，但在欧洲其他国家普遍遭到质疑和抵制，塞麦尔维斯由此精神失常，英年早逝。就在塞麦尔维斯去世的前一天，英国外科医生约瑟夫·李斯特（1827—1912）受到法国微生物学家巴斯德研究工作的启发，首次在外科手术中引入一套消毒程序，进而显著降低了手术死亡率。这套包含洗手要求的外科消毒术逐渐得到国际医学界的认可，并推广开来。

实并没有死，而是在呼出最后一口气后，身体继续在基因层面运作了好几个小时。西班牙一项对新鲜尸体的研究发现，编码心肌形成的基因仍然在活动，同样活动的还有控制炎症的保护性基因。[21] 似乎身体对血氧水平下降的反应是试图使心脏复苏，这种解释得到了另一组死后表达的基因的支持，这些基因曾在胚胎发育中塑造了心脏。一旦我们逃离子宫羊水，这些基因就被关闭，而它们在心脏骤停后会重新激活，这表明身体再次深入到自己的工具箱中重启工作。在死亡的过程中，我们似乎还活着："我们仍有一些青年血气。"[22]

就在停摆的心脏得到修补时，肠子里也发生了一场起义。因为那里需要氧气的微生物喘不过气来，整个微生物组都在琢磨供餐服务出了什么状况。窒息的细胞肠壁开始渗漏，为那些对氧气不那么挑剔的细菌提供了一场盛宴。没有免疫系统就没有对微生物组的监管，那些微小的农民阶级冲过路障，从里到外把我们吃掉。[23] 起先是内部和外部的微生物，接着是昆虫和蠕虫，它们消化掉我们的每一块软组织。留胡须的啮齿类动物撕咬比较难啃的部分，鸟儿俯身啄食和拉扯。在被鼠牙和鸟喙刨光后，我们的骨头作为强力的堆肥躺在那里，开始缓慢分解到潮湿的土壤中。

当我们沉缅于我们在宇宙中的短暂存在，并考虑到未来几个月"在坟墓中腐烂"*却没有灵魂的前景时，有一种关于腐朽的看法似乎不那么令人遗憾。它涉及一项艰巨的任务，即抑制以自我为中心的冲动，并试着接受我们是作为生态系统而非单个实体在生活这一事实。你和我，终有一死的哺乳动物，是人类和细菌细胞之间的合作项目。在这个项目中，我们共享食物和化学信号，并依赖作为肠道马戏团领班的免疫系统；而我们的食欲和心境也会受到微生物和人之间持续的化学交流的影响。我们并没有意识到我们的公共性质——我们觉得的"我"其实是"我们"：我们思考，故我存在（*Cogitamus ergo sum*）。[24] 对于佛教徒来说，这一点极其清楚；而《古兰经》对穆斯林也是这样说的："在大地上行走的兽类和用两翼飞翔的鸟类，都跟你们一样，各有种族的。"†（第6章，第38节）当我们死去，我们身上所有那些让我们关心自己的存在，让我们无比幸运地去爱和感受被爱，让我们在狭小空间里通过转动显微镜和望远镜窥探我们缘何身处此地的东西，都会渗回它们的源头。

　　　　　　　　　　　　　　　　　　　　　自私的人类

在引用了伊舍伍德、马洛和希钦斯关于死亡议题的文字后，让我们怀着更乐观的情绪，以第四位著名的克里斯托弗结束我们的演讲：

> 克里斯托弗·罗宾走出森林来到桥上，他感到阳光明媚、无忧无虑，就好像19乘以2等于多少无所谓一样，因为在这样一个愉快的下午，这种问题根本不算啥。他想，如果他站在桥底的栏杆上，俯身看着脚下的河水缓缓流逝，那么他就会突然间明白所有他需要明白的事情，他还能够把那些事情告诉阿噗，因为阿噗对其中一些事情也不太清楚。[25]*

---

* 这段文字出自英国作家 A. A. 米尔恩（1882—1956）的《阿噗角小屋》，该书讲述小熊维尼（阿噗）和它的朋友们在百亩森林里的生活故事，罗宾是它最好的朋友。

参考文献｜第七章

1　Christopher Isherwood, *A Single Man* (New York, 1964), p. 186.

2　若以 3 位女性和 3 位男性作为人口基数，假定每位女性在 20 岁之前有 3 个孩子，在 20 岁之后有 3 个孩子，这个多育的部落人口将在 5 个世纪内增长到 1 万亿。如果每位父母生完孩子后在任何年龄去世，那么需要 490 年达到 1 万亿。如果永远没有人死亡，1 万亿大关也只会提前 3 年达到。因此，育儿后死亡对人口增长的影响很小。

3　Christopher Marlowe, *The Tragical History of Dr Faustus* [1592] (London, 1993), A-text, Scene 15, p. 72.

4　Michael R. Rose, *Evolutionary Biology of Aging* (New York, 1991).

5　基于 Ronald A. Fisher 和 John B. S. Haldane 之前的著作，彼得·梅达沃写道："如果一场遗传疾病……在个体生命中发生得足够晚，其后果可能完全不重要。"这表示"自然选择的力量随着年龄的增长而减弱"；Peter B. Medawar, *An Unsolved Problem in Biology* (London, 1952), p. 18. 梅达沃进一步指出，生命的任何生殖后阶段都代表着"让有害基因施展效果的垃圾箱"(p. 23)。

自私的人类

6　"强加于"（foist）是一个恰当的动词，因为我们没有机会请求下一代的许可。

7　不存在促进衰老和老年有机体死亡的"死亡基因"，但交配之后的死亡似乎被编程于捕鱼蛛的 DNA 中。在雄性蜘蛛将精子输送到雌性蜘蛛体内后，它仍然依附于它的配偶，蜷缩起来并死去。这种发育过程是有优势的，因为它避免了雌蛛攻击不愿被吃掉的配偶所造成的能量消耗。由此带来的节省增加了雌蛛生下大量健康宝宝的可能性，幼蛛则通过将自己的基因传递给下一代来纪念它们勇敢的父亲。* 参见 S. K. Schwartz, W. E. Wagner and E. A. Hebets, 'Spontaneous Male Death and Monogyny in the Dark Fishing Spider', *Biology Letters*, IX (2013), DOI: 10.1098/rsbl.2013.0113; and by the same authors, 'Males Can Benefit from Sexual Cannibalism Facilitated by Self-sacrifice', *Current Biology*, XXVI (2016), pp. 2794-9.

8　J. W. Shay and W. E. Wright, 'Hayflick, His Limit, and Cellular Ageing', *Nature Reviews Molecular Cell Biology*, I (2000), pp. 72–6; R. DiLoreto and C. T. Murphy, 'The Cell Biology of Aging', *Molecular Biology of the Cell*, XXVI (2015), pp. 4524-31; Hyeon-Jun Shin et al., 'Etoposide Induced Cytotoxicity Mediated by ROS and ERK in Human Lidney Proximal Tubule Cells', *Scientific Reports*, VI (2016), DOI: 10.1038/srep34064.

9　Leonard Hayflick, 'Entropy Explains Aging, Genetic Determinism Explains Longevity, and Undefined Terminology Explains

---

* 补充说明：已知的其他几个蜘蛛物种，都是雌蛛在交配后主动杀死并吃掉雄蛛，而雄性捕鱼蛛则是"自我牺牲"。在交配过程中，雄蛛输送精液的须肢末端会保持不可逆的膨胀状态，造成血压突然变化，使得雄蛛自身无法动弹，即便雌蛛不吃，它也会死亡，而雌蛛会在交配开始后 20 分钟左右吃掉雄蛛。进一步的研究表明，如果受精的雌蛛不吃掉雄蛛或换成吃蟋蟀，则其所生幼蛛的数量、体重和存活率均显著降低。

Misunderstanding Both', *PLOS Genetics*, III/12 (2005), e220, DOI: 10.1371/journal.pgen.0030220.

10 Emily Dickinson, 'Poem 605', in *The Poems of Emily Dickinson*, ed. Ralph W. Franklin (Cambridge, MA, 1998), pp. 601-2.

11 Christopher Hitchens, *Mortality* (New York, 2012), p. 7. 克里斯托弗死于 2011 年，像弥尔顿《利西达斯》中的英雄一样，"未曾离开他的同辈"。

12 S. Jay Olshansky, 'Ageing: Measuring our Narrow Strip of Life', *Nature*, DXXXVIII (2016), pp. 175-6; X. Dong, B. Milholland and J. Vijg, 'Evidence for a Limit to Human Lifespan', *Nature*, DXXXVII (2016), pp. 257-9.

13 M. Depczynski and D. R. Bellwood, 'Shortest Recorded Vertebrate Lifespan Found in a Coral Reef Fish', *Current Biology*, XV (2005), R288-9; Julius Nielsen et al., 'Eye Lens Radiocarbon Reveals Centuries of Longevity in the Greenland Shark (*Somniosus microcephalus*)', *Science*, CCCLIII (2016), pp. 702-4.

14 M. P. Gardner, D. Gems and M. E. Viney, 'Aging in a Very Short-lived Nematode', *Experimental Gerontology*, XXXIX (2004), pp. 1267–76; Paul G. Butler et al., 'Variability of Marine Climate on the North Icelandic Shelf in a 1,357-year Proxy Archive Based on Growth Increments in the Bivalve *Arctica islandica*', *Palaeogeography, Palaeoclimatology, Palaeoecology*, CCCLXXIII (2013), pp. 141-51.

15 Lucretius, *De Rerum Natura (On the Nature of Things)*, Book III, 972-5, trans. William H. D. Rouse, revd Martin F. Smith, Loeb Classical Library (Cambridge, MA, 1992), pp. 264-5. 卢克莱修进一步发展了对称性论证，提出对死亡的恐惧是不理性的："往回看，看看在我们出生之前的永恒岁月对我们而言是何等的无意

义。因此，这是一面自然界向我们举起的镜子，显示着我们最终死去后出现的漫长时间。"

16 Thomas M. Bartol et al., 'Nanoconnectomic Upper Bound on the Variability of Synaptic Plasticity', *eLife*, IV (2015), e10778.

17 M. Kaeberlein, C. R. Burtner and B. K. Kennedy, 'Recent Developments in Yeast Aging', *PLOS Genetics*, III/5 (2007), e84.

18 Ferdinando Boero, 'Everlasting Life: The "Immortal" Jellyfish', *The Biologist*, LXIII/3 (2016), pp. 16-19.

19 这些台词是辛伯林的长子吉地利阿斯在他误以为是男孩的妹妹伊慕贞的"葬礼"上吟唱的，伊慕贞其实没有死，只是被她的继母下了药。在我 20 世纪 70 年代末难忘的少年时代，前卫摇滚乐队 Kansas 的歌曲 *Dust in the Wind* 也表达了类似的情绪，主唱 Steve Walsh 的哭腔相当漂亮。

20 P. Bjerregaard and I. Lynge, 'Suicide–A Challenge in Modern Greenland', *Archives of Suicide Research*, X (2006), pp. 209-20; P. Bjerregaard and C.V.L. Larsen, 'Time Trend by Region of Suicides and Suicidal Thoughts among Greenland Inuit', *International Journal of Circumpolar Health*, LXXIV (2015), DOI: 10.3402/ijch.v74.26053.

21 Lizbeth González-Herrera et al., 'Studies on RNA Integrity and Gene Expression in Human Myocardial Tissue, Pericardial Fluid and Blood, and its Postmortem Stability', *Forensic Science International*, CCXXXII (2013), pp. 218-28; Ismail Can et al., 'Distinctive Thanatomicrobiome Signatures Found in the Blood and Internal Organs of Humans', *Journal of Microbiological Methods*, CVI (2014), pp. 1-7. 给生物学家的注释：死后，心脏和其他部位的组织会失去血流带来的充满能量的氧气和葡萄糖的混合物。为了生存，它们必须依赖存储的脂肪酸和糖原，并利用糖酵解来提供基因

表达所需的 ATP。

22 "青年血气"这个短语出自莎士比亚的《温莎的风流妇人》里一个有钱的地主 Robert Shallow 之口（第二幕，第三场），他还声称，"我已经活了八十多岁了"（第三幕，第一场）。

23 Jessica L. Metcalf et al., 'Microbial Community Assembly and Metabolic Function during Mammalian Corpse Decomposition', *Science*, CCCLI (2016), pp. 158-62.

24 Nicholas P. Money, *The Amoeba in the Room: Lives of the Microbes* (Oxford and New York, 2014), pp. 131-52.

25 A. A. Milne, *The House at Pooh Corner* (London, 1928).

第 八 章

Greatness

伟大

人 类 如 何 搞 定

2016 年，在一个为躲避恐怖袭击而建立的避风港营地中，两名自杀式炸弹袭击者导致 58 名尼日利亚人死亡。就在同一天，一个国际物理学家团队宣布，他们探测到了两个黑洞碰撞产生的引力波。[1]选个日子，任何日子，科学将提供适度的平衡，以弥补我们作为一个物种的众多缺点。即使一项科学发现的实际益处并不清楚，或者根本不存在，我们依然可以沐浴在对自然界每一次顿悟的光辉中，自恋人在其科学突破中感觉自己受到了上天眷顾。卡尔·萨根写道，"科学不仅仅是一种知识体系，更是一种思维方式"，这解释了为什么每个人都应该学习它是如何运作的。[2]

弗朗西斯·培根在 17 世纪制订了现代科学的实验

方法，他对科学的美没有萨根那么富有情感，他认为追求知识不应该是"为了心灵的愉悦，或者为了争论，或者为了高人一等，或者为了利益、名声、权力，或者所有这些低级的东西，而是为了有利于和服务于生命"。[3] 培根对他那个时代的科学进步的缓慢步伐感到沮丧，并将其归咎于亚里士多德持久的权威性，亚里士多德把"他的自然哲学做成只是他的逻辑的奴隶，从而把它弄成富于争辩而近于无用"。[4]* 亚里士多德曾争辩说，仔细的思考和有教养的猜测引导我们通向真理。经验告诉我们，尽管这种演绎法可以非常奏效，但它也存在相当大的缺陷：如果我们做了一个错误的前提假定，那么它就会把我们引向错误的方向。培根希望人类快速成长，并倡导归纳过程，即通过实验收集大量事实来寻求答案。

对西方科学的展示将贯穿这一章——也贯穿整本书，对于占据主导地位的西方科学的专注，不存在纠偏的必要。迄今为止，培根式方法的应用带来了如此多的成果，如果还专注于苏美尔农学、波斯天文学和古代中国化学则是虚伪的。性别特权也在大行其道，由于一系列站不住脚的原因，男性主导着科学。把以上两点告诫

---

* 　此处译文出自许宝骙翻译的《新工具》（商务印书馆，1984）。

装在心里，人类仍在过去 400 年里做出了一些辉煌的科学发现。伽利略·伽利莱将地球降为一颗卫星；艾萨克·牛顿弄清楚了地球绕太阳运行的方式和原因；罗伯特·胡克用跳蚤和虱子的巨幅插图震惊了饱受瘟疫蹂躏的伦敦；查尔斯·达尔文用他对自然选择理论的呼号震撼了维多利亚时代的人们；20 世纪，阿尔伯特·爱因斯坦声称时间就是空间的观点改变了物理学。但来自 20 世纪 50 年代的另一项发现，在我的想象中显得更加突出，这就是 DNA 结构的发现。

这个故事的大部分早已耳熟能详。沃森和克里克使用硬纸板和金属片的剪切物来模拟 DNA 分子成分并构建模型，解决了 DNA 分子中不同化学物质的排列问题。[5]沃森在桌子上反复拖拽这些剪切物，在对双螺旋内部化学基团的排列产生顿悟后组装出了著名的三维结构金属模型。DNA 形状的关键线索来自罗莎琳德·富兰克林的实验，她用 X 射线轰击 DNA 纤维，捕捉到它们在感光胶片上形成的散射图案。沃森在富兰克林不知情的情况下使用了她收集的这些信息，一些传记作家指责沃森没有对她工作的重要性予以承认。[6]我无意为沃森的不体面做法进行辩护，只是解释一下他的渴求：他是一个雄心勃勃的 24 岁年轻人，正与众多优秀的科学家进行激烈竞争，这些科学家拼命想在新兴的分子生物学领域取得下一个突破进展。很快就会有人破解 DNA 的结构并获得诺贝尔奖。

让 DNA 的故事变得更加有趣的是，莱纳斯·鲍林未能率先取得成功，而诺丁汉大学学院一群更令人敬佩的科学家早在 10 年前就已经接近解开这个谜题。鲍林是研究分子中把原子结合在一起的化学键的专家，他发现了蛋白质以某种方式折叠并扭曲成对其功能至关重要的形状。但到了研究 DNA 时，他犯了一系列根本性错误。要解释这些错误，最好的方法是说明 DNA 的实际结构。

DNA 被盘绕成螺旋形阶梯，在外链之间由台阶相连。DNA 即脱氧核糖核酸，外链中的糖分子——脱氧核糖——由一组氧原子连接，当它们沐浴在水中时，会释放出带正电的氢原子，或称质子（H^+）。这个过程会在分子外部留下负电荷，酸就是这么工作的。鲍林设想 DNA 有三条链，这些链被埋在分子内部，连接链的横档分裂成两半，形成面朝外的钉子。鲍林设想的 DNA 看起来像个马桶刷。这种虚构分子的问题之一是，它不会像酸一样工作；而且在任何情况下，被塞进这个三螺旋内部的负电荷都会发起抵抗，相互排斥，将整个结构炸开花。鲍林非常渴望从解决 DNA 结构中获得名声，所以他在 1953 年匆忙地给出了这个内翻构型的答案。[7]
值得一提的是，他因化学键方面的工作而在第二年获得
诺贝尔奖。他被自己的天才给迷住了，相信自己的答案
不会错。

诺丁汉大学学院的化学家对科学的贡献要安静得
多。在 20 世纪 40 年代，他们提出 DNA 有两条链，这
两条链通过分子中间形成横档的一对对碱基之间的一种
特殊类型的键连接在一起。这一模型的证据来自实验，
在这些实验中，他们提高或降低了纯化的 DNA 混合物
的酸度，发现这些分子解体了。键的这种表现是由氢原
子形成的。团队中最年轻的成员迈克尔·克里思画了一
张直梯状而非螺旋状的 DNA 图示。[8]此时的他已经出奇
地接近真相，如果莱纳斯·鲍林在 1948 年参观克里思
及其同事们的校园时对他们的工作有所耳闻*，他很可
能就会避免对 DNA 的歪曲想象。

沃森看过诺丁汉化学家发表的实验论文，但起先
并没有认识到它们的重要性。随着对 DNA 研究的逐渐
成熟，他再次阅读了他们的论文，认识到了自己的错误，

---

* 英文版此处表达不当，作者误以为鲍林有可能在 1948 年见到诺丁汉这个研
究团队。但实际上，克里思在 1947 年获得博士学位后就离开了诺丁汉，而
团队负责人、克里思的导师约翰·格兰德教授则在 1947 年底死于一次火车
脱轨事故，相关研究就此终止。与作者讨论之后修正为目前的表达，

并在几天内与克里克构思出了正确的构件排列方式。他们在1953年发表了DNA的结构，并在1962年与罗莎琳德·富兰克林的主管莫里斯·威尔金斯[*]一起获得了诺贝尔奖。每个诺贝尔奖不能由超过三名科学家分享，因此人们不禁会想，如果富兰克林没有在1958年死于卵巢癌，她是否会取代威尔金斯登上斯德哥尔摩的领奖台。[9]

沃森和克里克的实验不需要任何复杂和耗时的技术，而且在几周内就完成了，从这个意义上说，实验规模很小。这对充满活力的二人组的风格完全是亚里士多德式的，依赖于有教养的猜测。但是，如果我们看到发现DNA结构的整个故事，而不是只看最后的竞赛，就会清楚明了归纳法是如何起作用的。沃森和克里克依赖于许多其他研究者收集的信息，这些研究者提供了通向正确答案的关键数据片段。对DNA的研究甚至早在一个世纪前就开始了——瑞士化学家弗里德里希·米歇尔从绷带上清洗掉的脓细胞中分离出了核酸和蛋白质的混

---

[*] 此处说法不准确，威尔金斯和富兰克林受聘于同一实验室，各自独立开展研究工作，属于同事关系。但威尔金斯把富兰克林视为助手，外人也倾向于认为她是他的助手，这也是她在DNA研究中独立做出的重要贡献没有获得包括诺贝尔奖在内的足够认可的一个原因。作者使用"主管"一词呼应前文的"性别特权"。

合物。[10]

DNA 是一种令人惊叹的美丽分子。为了扮演好跨越数十亿年来通过无穷无尽的生物进行信息传递的载体，它必须拥有如此华丽的对称性。这两条链是互补的，携带着相同的信息，于是，通过将双链分开，每一条链都可以作为制造另一条链的完美模板。对写在我们基因组 30 亿个 A、T、G 和 C 里的这本说明书的复制，是细胞每次分裂时必不可少的操作。当沃森和克里克查看他们的模型时，便立即看出了 DNA 是如何复制的。

沃森和克里克对双螺旋的发现是历史上最伟大的科学成就之一，这个评价包含不少自以为是的物种歧视，就因为这项发现揭示了人的本质，由此产生的分子技术正在改变医学实践。其他科学进展也同样令人印象深刻，但并没有以同样的方式影响我们。宇宙学上的突破进展——比如探测到引力波——确实非常激动人心，但并没有揭示任何关于人类的具体信息。不过确实有一种感觉是，天体物理学家的每一次发现都在贬低我们，因为它扩展了宇宙的壮丽。

格雷戈尔·孟德尔证明了有机体的性状以信息单位的形式代代相传。正常高度的豌豆植株和矮秆植株杂交产生的种子，在生长时出现了可预测的正常植株和矮秆植株的比例。他无法得知化学物质是如何传递这些指令的，只知道亲本植株之间交换的某种东西具有影响其后代生长的特性。一旦DNA的结构解开，遗传学家开始理解基因是如何工作的之后，孟德尔的谜团就随之烟消云散。伴随着对基因的认识，人们清楚地看到，经突变而改变的基因是进化创新的原材料。

这些探索之路使得科学家在20世纪下半叶回答了生物学中的许多大问题。随着基因揭开面纱，科学家终于变得足够聪明，能够给出对生命的全面理解。我们是这项科学探索的受益者，双螺旋在召唤我们。这就是我，一点也不多，一点也不少；美女和野兽，都被包裹在一个螺旋形的阶梯里。

今天，DNA发现的实践意义仍在扩大。由于有能力对基因进行测序，在实验室中使其突变，并在不同物种之间转移DNA，生物技术专家已经将微生物转化为制造强效药物的产业化工具。我们可以找出一系列遗传疾病的病因，并预测由于不同版本基因的存在或缺失而发展成慢性病的可能性。分子遗传学技术还可以用来确立我们的祖先，通过放大DNA的痕迹来解决亲子纠纷和追踪犯罪活动。沃森和克里克在这些进展中没有起到直接作用，但如果没有双螺旋结构的发现，我们恐怕还陷在泥潭里。

利用人类基因对微生物进行的重组工程展示了我们对 DNA 理解所带来的不可否认的威力。胰岛素是首个由人类基因修饰过的细菌和酵母制造的蛋白质。按蛋白质来看，胰岛素是一种简单的蛋白质，它由两条链组成，这两条链沿着它们一部分的长轴进行旋转，并被化学桥连接在一起。多萝西·霍奇金解出了胰岛素的结构，她是另一位恰好有一对 X 染色体的杰出科学家。[11] 像罗莎琳德·富兰克林一样，她使用 X 射线结晶学剖析生物分子，足足花了 30 年时间才把胰岛素晶体弄明白——时间太长，以至于在这项研究进行的过程中，她因其他工作而获得了诺贝尔奖。

胰岛素没有 DNA 性感的对称性，但如果没有这个分子团，我们就不能从血流中吸收糖分，我们的细胞就会因为缺乏营养而熄火。在我们弄清楚如何给糖尿病患者注射从猪体内提取的胰岛素之前，大量患者已经失明、截肢、脑卒中和心脏病发作，并死于肾衰竭。饥饿饮食使糖尿病的一些症状得到缓解，给患者延长了一两年痛苦的生命；阿片可以减轻痛苦；此外再也没有其他的治疗选择。使用猪胰岛素控制血糖始于 20 世纪 20 年代，而人类胰岛素基因一经测序，离细菌和酵母通过基因重组为我们制造胰岛素的日子就不远了。这之所以有效，是因为微生物 DNA 与人类 DNA 是用相同的 A、T、G、C 字母表书写的，细菌和酵母使用相同的遗传密码和解码装置将这些字母翻译成蛋白质。

分子医学的终极目标是消灭那些由受损的人类基因组所造成的疾病，方法听起来很简单：用没有缺陷的 DNA 序列替换有缺陷的基因，然后通过生产健康的蛋白质治愈疾病。这项宏大的实验已经进行了 30 年。基因疗法的进展非常迅速，制药公司正在探索肌营养不良、囊性纤维化、膀胱癌、宫颈癌和一系列遗传疾病的疗法。1989 年，研究者鉴定出一种名为 *CFTR* 的基因，它的突变序列导致了囊性纤维化。[12] *CFTR* 编码一种控制氯离子进出细胞的蛋白质，该基因的突变会阻止这种离子流，从而导致增厚的黏液在肺部积聚。这是导致特定疾病的基因第一次得到鉴定。囊性纤维化的治愈似乎近在咫尺，我们所要做的就是修复单个基因，但事实证明并没有那么简单。

最有希望的基因疗法利用病毒将正确版本的目标基因导入细胞，并提供足够的健康版本的蛋白质来治疗这种疾病。囊性纤维化抵制了这种疗法，因为肺部的黏液像屏障一样阻止了病毒的进入。其他挑战包括肺部的细胞在不断更替，这意味着患者必须重复服用基因修饰过的病毒。最后，*CFTR*基因在所有组织中都有表达，而不仅仅是肺部，这解释了为什么囊性纤维化患者的其他器官也会出现问题。治疗血友病的前景显然要光明得多。[13] 使用携带人类基因——用于编码患者缺失的凝血蛋白——的病毒治疗的试验结果令人印象深刻，那些从小就患有不受控制出血的成年患者，其伤口会迅速得到修复。

治疗新疾病的承诺是一个"为了有利于和服务于（人类）生命"而操纵自然的完美例子，正如培根所希望的那样。距离培根已经过去400年，这种"实际应用"的论点仍然是为科学募集资金的典型恳求语。尤其是在美国的肤浅政客们，当一个研究项目的标题提到一种儿童疾病时，他们便会接受其论点，却嘲笑在果蝇身上进行的实验，完全没有认识到它们作为人类疾病模型的重要性。他们不信任自己不理解的事物。多数纳税人也根本不会认同给那些仅仅出于对果蝇本身的兴趣，而不声称对人类有任何益处的研究提供资金。出于这个原因，科学家会做出精彩的论证，以说明他们的工作可能会改善自恋人的命运。

更为热心的科学研究捍卫者建议，所有研究都应该得到资助，因为我们无法预测下一个突破进展可能出现在哪里。诚然，预测重大进展很困难，但我们可以相当有信心地认为，许多研究领域都是死胡同，永远不会告诉我们任何有用的信息，甚至连非常有趣的信息都没有。在我本人研究的真菌生物学领域，就充斥着许多显然毫无希望的探索。深思熟虑后的昆虫学家和粒子物理学家会在稍加劝说的情况下承认自己的专业领域也存在同样的情况，但是，我们倾向于将批评预留给对论文和基金申请书的匿名同行评议中。詹姆斯·沃森说得很好：

> 与报界和科学家的母亲们支持的一般观念相反，相当多的科学家不仅器量小、反应慢，而且简直是愚蠢的。如果没有认识到这一点，你就不能成为一个成功的科学家。[14][*]

即使我们承认科学家的缺点——当然总是针对其他科学家——在由学术成员组成的协会中展现出复杂社群的进取心、持久的厌女症以及坚持表面上的礼貌，也很难确保那些最好的研究得到应有的关注。尽管有全部这

---

[*]　此处译文出自刘望夷翻译的《双螺旋》（上海译文出版社，2016）。

些缺点，西方科学自文艺复兴以来一直都是展现人类伟大的灯塔。当外星人从邻近的太阳系造访时，科学探索将是我们捍卫人类作为一种智慧动物而向他们展示的活动。诗歌和音乐则是榜单上的下一项。但是，如果整个科学冒险都是我们人类的致命错误、是摧毁文明的技术之源，那该怎么办呢？

参考文献 | 第八章

1　D. Castelvecchi and A. Witze, 'Einstein's Gravitational Waves Found at Last', *Nature News* (11 February 2016), DOI: 10.1038/nature.2016.19361.

2　卡尔·萨根在 1996 年的一次美国电视采访中说过这句令人难忘的话："科学不仅仅是一种知识体系，更是一种思维方式，一种带着对人类的不可靠性的深刻理解，怀疑地质问宇宙的方式。"

3　这句话出自弗朗西斯·培根的《伟大的复兴》——他未完成的对自然哲学再造和革新的写作计划——的序言。1620 年出版的《新工具》是这部体量庞大的未完成作品的第二部分。

4　Francis Bacon, *Novum Organum* [1620], Book I, LIV (Franklin Center, PA, 1980), p. 234.

5　James D. Watson, *The Annotated and Illustrated Double Helix*, ed. A. Gann and J. Witkowski (New York, 2012).

6　通过对从白人智力的普遍优越性到自己的独有才华等各种议题发表评论，沃森成功地损害了自己作为一个好人的名声；参见

www.biography.com 上的沃森生平。

7　鲍林的三螺旋结构作为一个注释发表在《自然》期刊上，随后以详细论述发表在《美国国家科学院院刊》上，这显示了他的名字的影响力，以及 20 世纪 50 年代无需额外审稿就接受论文发表的编辑实践。参见 Melinda Baldwin, 'Credibility, Peer Review, and *Nature*, 1945-1990', *Notes and Records of the Royal Society of London*, LXIX (2015), pp. 337-52.

8　S. Harding and D. Winzor, 'Obituary – James Michael Creeth, 1924-2010', *The Biochemist*, XXXII/2 (2010), available at www.biochemist.org.

9　如果罗莎琳德·富兰克林还活着，她可能会因对病毒的 X 射线研究而获得诺贝尔奖，这项研究是她在为解出 DNA 结构做出贡献后完成的。

10　Ralf Dahm, 'Friedrich Miescher and the Discovery of DNA', *Developmental Biology*, CCLXXVIII (2005), pp. 274-88. 脓细胞是由免疫系统产生的白细胞。米歇尔之所以选择它们进行实验，是因为它们集中在感染伤口所缠绷带上积聚的脓液中，为他提供了一种特定类型细胞的纯来源。米歇尔在巴塞尔学医，随后在德国南部图宾根的中世纪城堡*展开脓液细胞的研究。

11　Georgina Ferry, *Dorothy Hodgkin: A Life* (London, 2014). 多萝西·霍奇金于 1964 年获得诺贝尔化学奖。她是唯一一位在三个科学类别诺贝尔奖中获奖的英国女性。

12　*CFTR* 基因是用斜体书写的，它编码一种蛋白质 CFTR，后者是用正体书写的，即 cystic fibrosis transmembrane conductance

---

*　1818 年，图宾根城堡原先的厨房被改造为图宾根大学的化学实验室，现被辟为博物馆，其永久展览以米歇尔发现核素（nuclein）为核心，展现图宾根大学生物化学学科的发展历程。

regulator（囊性纤维化穿膜传导调节蛋白）的首字母缩写。

13 Lindsey A. George et al., 'Hemophilia B Gene Therapy with a High-specific-activity Factor IX Variant', *New England Journal of Medicine*, CCCLXXVII (2017), pp. 2215-27; Savita Rangarajan et al., 'AAV5-factor VIII Gene Transfer in Severe Hemophilia A', *New England Journal of Medicine*, CCCLXXVII (2017), pp. 2519-30.

14 Watson, *The Annotated and Illustrated Double Helix*, p. 9, note 5.

自私的人类

第 九 章

Greenhouse

温室

人 类 如 何 搞 砸

我们这个物种的衰亡是伟大到达巅峰后，非常自然而且无法避免的结果。这种毁败的过程非常简单而明显，让我们感到奇怪的并非人类为何会灭亡，而是人类怎么能维持如此长久。[1]

不可否认，我们在地球上创造的条件将加速我们的衰落。情况是这样的：地球正在迅速变暖；海水正在酸化，并被塑料填塞；工业活动正在污染空气；森林采伐正在不断进行；草原和湖泊正在随着沙漠的扩张而萎缩；到2050年，将有100亿人推搡着争夺剩余的资源。[2] 短期内，极端天气事件将变得更加频繁；农作物将因干旱而枯萎；渔业将崩溃；大型野生动物的数量将继续减少；昆虫数量将急剧下降；许多植物物种将灭绝，大多数微生物将隐隐颤抖。[3]

从更长的时间尺度来看，海岸线将因海平面上升而重塑。[4]随着南极冰盖的崩解和融化，佛罗里达州和孟加拉国将消失在海浪之下。到目前为止，地球上的这些变化对你来说可能还感觉不到，看起来你现在所处的环境将在接下来的几十年里维持不变。财富终究是应对生活中许多紧急状况最可靠的缓冲器，但即使是贵族也应该在生孩子之前考虑未来的生态。

尽管正在进行中的地球毁灭故事牵涉一些相当邪恶的企业，但每个人都难辞其咎，从我们走出东非大裂谷的那一刻起，气候启示录就刻在了我们的基因里。[5]我们与老鼠和蘑菇共享进食和交配的冲动，但与其他有机体不同的是，我们不幸拥有的脑力让我们得以喂养和繁育不断增加的人口。除了人口数量对环境的影响外，奢侈的现代生活让地球遭受的破坏成倍加剧。大多数人都想过皇室式的生活，只要有机会，我们就想让生活变得更舒适，这种倾向可以理解，但这些额外的待遇是以牺牲大气的气体成分为代价的，二氧化碳的毯子越来越厚，将太阳的温暖困在地球上。无法确定我们会把地球烤多久、加热有多快，但是地球正在变暖。

我的得州姐夫没有受到这些证据的困扰。他援引了中世纪暖期，并从各种不正常的家伙的著作中寻找慰藉，这些人否认二氧化碳排放量与平均气温之间惊人的对应关系。他的观点在美国很普遍，美国白人公民尤其不习惯于下述看法："生命、自由和追求幸福"*或许是可以否定的。而在世界上其他许多地方，夏天变得更热的原因被那些忙于挣命而无暇担心看不见的气体的人们给忽视了。

我怀着深深的谦卑写下这些。作为文明终结的贡献者，我开车短途旅行，而不是骑自行车；我乘坐国际航班；我还购买装在坚不可摧的塑料容器中的南美洲草莓。我不愿意住在帐篷里，对此我的辩解是，我的碳足迹†可能比我的大多数邻居都要低。作为一位继父而非生父，除非我乘坐烧煤的利尔喷气式飞机通勤上班，对地球造成的损害才会与任何把精子或卵子献给后代的人一样多。[6]一个人对减少温室气体排放所能做的最大贡献就是去死。如果做不到这一点，次好的做法就是放弃制造婴儿。

---

* 此语在美国尽人皆知，出自《独立宣言》开篇，完整表达是"我们认为这些真理是不言而喻的：人人生而平等，造物者赋予他们若干不可剥夺的权利，其中包括生命权、自由权和追求幸福的权利"。

† 碳足迹指的是个人或团体通过各种日常活动所产生的温室气体排放量，用以衡量人类活动对生态环境的影响。

托马斯·马尔萨斯在工业革命初期发表的《人口论》中第一个认识到了无节制地复制人类的危险。[7]他感兴趣的是随着人口呈几何级数增长，有可能出现大规模饥荒。19世纪40年代的爱尔兰土豆饥荒证实了这种对人类状况的诊断，但土地开发和化肥、除草剂、杀虫剂的引入，以及农业机械化——所有这些都依赖于化石燃料——在20世纪给我们提供了一种虚假的安全感。再加上医学的进步，农业产量的欣欣向荣使人口在过去100年里翻了两番。

在公共演讲中，人口增长与环境退化之间的关系也受到了忽视。政客们从来不会谈及这个话题，保罗·R.埃尔利希在他1968年的畅销书《人口炸弹》中提出的那种世界末日场景被大多数公共知识分子视为胡言乱语。[8]*与世界其他地区的人口激增相比，当代经济学家更关注发达国家的人口下降。即使是最耀眼的环保活动家，在他们关于可持续性的声明和个人行为中也忽视了人口问题。美国第45任副总统阿尔·戈尔有4个孩子，同为政治家和活动家的小罗伯特·F.肯尼迪为他传说中

---

* 埃尔利希是斯坦福大学的生物学家，早期从事昆虫学研究，后转向人口问题。《人口炸弹》中确实存在一些言过其实的论断，比如埃尔利希认为到1980年，印度不可能养活新增的2亿人口。但是，他关于需要控制人口增长的核心主张是值得正视的。

的家族添了 6 个孩子。在 21 世纪，生很多孩子与其说是一枚荣誉勋章，不如说是环境恐怖主义行为。每小时有 15000 个孩子出生，只有 6000 人死亡；这个合计对未来不利。

人类并不是唯一影响地球宜居性的有机体。早在我们登上舞台之前，微生物和植物已经改变了大气的化学成分。23 亿年前，当细菌开始向空气中注入一种叫作氧气的“有害”气体时，便引发了一场巨大的变化。在生命史最初的 10 亿年里，这种高度活跃、破坏 DNA 的分子摧毁了一直快乐地“呼吸”着铁、硫和氮的微生物。随着氧气水平的上升，呼吸金属的生物和它们的同类撤退到海泥及其他无氧区域中。进化出的新生命形式能利用这种独特条件，并找到了一种利用氧气从食物中提取更多能量的方法，这就是今天我们做深呼吸的原因。

过了很久，在生命爬上陆地后，空气中的气体再次随着植物的丰盈而发生变化。在石炭纪繁茂森林中疯长的巨型木贼类和石松类植物免于腐烂，被压进了煤层。[9] 这种不发生腐烂的丧葬风俗非常有效地吸收了空气中的二氧化碳，从而导致全球变冷。每次从烧煤的发电站获取电能时都会释放这种碳，灯泡滋滋发出的光子的波长与史前森林吸收的波长相同。从绿色植物的化石到 3 亿多年后的台灯，能量输入又输出。石炭纪以后，真菌学会了分解朽木，减少了煤的形成。

除了生物爆发外，火山喷发和其他地质现象也一起以这样或那样的方式改变了气候；而零零散散光临的小行星，作为地球的"俘虏"可以说是十足的败兴角色。这些过程的证据为那些站在我的得州姐夫一边的人提供了一个虚弱的庇护所，他们认为气候变化——如果他们愿意接受地球正在变得越来越暖这一事实——是一种我们不用承担责任的非人类现象。

人类和其他两足猿类一直在追寻一条独特的破坏性道路，以换取在这个银河系角落的总生物时间的一小块。最近的一次自然重塑始于330万年前，一只南方古猿在肯尼亚的翡翠海或图尔卡纳湖岸边制作石器来屠宰动物尸体。武器是后来出现的，50万年前非洲南部的另一种人科动物使用了石尖凸起的长矛，7.1万年前的早期人类则发展出了弓箭。[10]像弓箭这样的可抛射武器，使得我们不必非常勇敢就能猎杀大型动物。

通过这些武器的组合，再加上陷阱和火，人类目睹了猛犸象、乳齿象、剑齿猫和地懒随着冰盖的消退而灭绝，我们追赶这些动物到它们最后的堡垒。南美洲有一种形似犰狳的动物，名为雕齿兽，是大屠杀的另一个受害者。这种行动缓慢的素食者如一辆大众甲壳虫般大，很容易成为猎人的目标，猎人吃了它的肉，再把它巨大的壳当作庇护所。

多年来，生物学家一直认为气候变化是这些物种灭绝的最重要因素，但越来越多的证据表明，人类的到来和大型哺乳动物的消失之间存在对应关系。[11] 这种情况在一些拥有鸟类生活壮观景象的岛屿上相当明显：3500年前，史前的拉皮塔人乘坐独木舟抵达新喀里多尼亚后不久，一种名为林木鸟（Sylviornis）的巨型火鸡就从那里消失了；当毛利人在 1300 年左右到达新西兰时，许多种不会飞的恐鸟也消失了。[12]

灭绝从一开始就在重塑自然，但没有任何动物能像人类一样造成这般影响。人类的进化以惊人的速度，用毁灭恐龙的小行星的威力重创了生命。6500 万年前，希克苏鲁伯小行星在墨西哥湾坠毁，随后的整个新生代时期，哺乳动物的平均大小稳步增加。然后，大约在 10 万年前，大型动物开始消失。5 万年前，物种灭绝加速，野生哺乳动物的总量现已下降到人类出现前最大数量的六分之一。而根据一些模型，家牛有望成为现存体型最大的哺乳动物。[13]

对自然界的不安稳本质的末日景象式预测历来有

之，有人对这些预测抱持怀疑态度也不难理解。若要摆脱一代代人日益降低的期望对我们思维的影响，确实需要一定的想象力。自14世纪以来，没有人看到过活的恐鸟，所以它们的缺席并不会让今天的新西兰人感到不安。最后一只候鸽，名叫玛莎，1914年在我家当地的动物园去世，这种鸟最近一次遮天蔽日的大规模迁徙发生在19世纪。我们无法错过对我们来说从未存在过的事物。

我们读到的关于灭绝的报道是一场即将到来的可怕灾难，生态系统的破坏则是一个正在进行的项目而非已经成交的买卖。可破坏却有增无减。尽管媒体对森林采伐予以了关注，但巴西、印度尼西亚和刚果民主共和国的热带林地面积继续分别以每年270万公顷、130万公顷和60万公顷的速度消失。[14] 接下来谈谈气候变化的直接影响，2016年，全球有三分之一的珊瑚礁受到高水温的破坏。澳大利亚大堡礁90%以上的面积都受到了白化这一过程的影响——当甲藻抛弃了精致的珊瑚共生系统中的动物伴侣时，就会发生白化。[15] 当珊瑚礁从白化中恢复过来时，原来的珊瑚物种就会被适应贫瘠海洋生物群落且缓慢生长的珊瑚物种取代，这并非正常现象。

让我们将话题转到另一个更壮观的生态系统，也就

自私的人类

是我俄亥俄州家中的花园。我们在树木和开花灌木环绕的三角形地块上精心打造了一个伊甸园。最阴凉的角落覆盖着蕨类，长满了柔软的苔藓，遍布变形虫和水熊虫。鼹鼠在筛土，鱼儿在池塘里游动，四只鸡迷离在午后的尘浴中。我们照料这片郊区的绿洲已经二十多年了，没有喷洒任何杀虫剂，但它的生物群落变化迅速。许多初夏栖息在这里的光彩夺目的昆虫已经有十年没回来了。蜂鸟鹰蛾*和竹节虫消失了，菜粉蝶是目前仅剩的蝴蝶，而夜蛾也不再挤满晚上的门廊灯。是的，这些纯属逸闻趣事，但个人观察与科学调查完全一致，后者证实飞虫数量的减少令人震惊。[16]

体型较大的动物也会受到影响。我偶尔会在天黑后漫游，我确信，到访花园的浣熊、负鼠和臭鼬变少了。小褐色蝙蝠已经变得非常稀有，日落时分出现一对这种可爱的哺乳动物倒成了一件值得庆祝的事情。白鼻病可能已经杀死了一些蝙蝠，而昆虫的稀缺又会让那些逃过此种真菌感染的蝙蝠挨饿。最明显的变化来自一种入侵的甲虫——花曲柳窄吉丁——造成的树木疏松，其幼虫已经杀死了本地区所有的白蜡树。当我们离开郊区时，

---

* 　一种体重、外形、生活习性和飞行速度都很像蜂鸟的蛾类。

消息也好不到哪里去。周围农田上的溪流被藻类堵塞，在庄稼边缘结网的大型蜘蛛也不见了，就连洋菇也成了稀奇之物。在我们周围，自然界正在分崩离析。

世界自然保护联盟（IUCN）编制了濒危物种红色名录，根据物种濒临灭绝的程度对物种进行排名。当有数据可查时，物种会被归入从"无危"到"极危"的不同类别。灭绝的物种则分为两类：野外灭绝（如夏威夷乌鸦）和灭绝（如候鸽）。IUCN 红色名录将智人列入"无危"的保护类别，并提供了以下理由："被列为无危是因为该物种分布非常广泛，适应性强，目前正在增加，且没有重大威胁导致其总体数量下降。"[17] 真是这样吗？

万一我们开发出控制气候变暖的方法，人口将继续攀升，而我们所居住的世界将失去生物多样性。大型动物将从野外消失，而我们会发现自己被同类挤得水泄不通的同时，在自然界中却是孤独的。从 IUCN 濒危和极危物种名录中进行随机抽样可以清楚地看出这一点：波纹唇鱼因长矛、炸药、氰化物和渔礁的威胁而濒危；普通锯鳐因水电站大坝、污染和捕鱼高手的威胁而极危；东部长吻针鼹正在从新几内亚消失，其栖息地被矿业公司摧毁；无沟双髻鲨因每年捕获约 7300 万条这种优雅的鱼类以供应中国市场烹制鱼翅汤而濒危。保护这些物种的唯一方法，是将所有人类接触排除在它们的栖息地之外。

培根式科学是世界末日的根源。我们已经得益于医学、农业和工程学的进步，科学已经完全按照我们的要求去做了，现在我们就要走向灭亡。如果欧洲科学在 17 世纪做出各种发现之后日渐式微，人类的数量不会有这么多，地球也不会变暖。《创世记》曾对我们提出过警告，约翰·弥尔顿在《失乐园》中重构了这个故事：

> 说起人啊，他的第一次违迕和禁树之果，
>
> 它那致命的一尝之祸，给世界带来死亡，
>
> 给我们带来无穷无尽的悲痛，
>
> 从此丧失伊甸园……
>
> （第一卷，第 1—4 行）

夏娃对上帝的警告无动于衷，却受到那条狡猾的蛇的鼓动，做出了影响命运的决定：

> 远远地伸向那果子，她摘下，她吃起来；
>
> 地球感到了伤痛，造化从她的座位上面
>
> 通过她的作品发出叹息，为失去这一切

发出悲哀的叹息。

（第九卷，第 781—784 行）

夏娃是第一个实验主义者，作为一位年轻的女性，她测试了自身所处环境的边界，在一个美丽的花园中所寻求的不只是永恒的奴役。弥尔顿生活在科学革命的时代，他无法领会这个故事的隐喻在我们这个时代所具有的威力。约翰·斯诺是否应该烧毁自己在 1854 年绘制的将霍乱病例与受污染的水井进行匹配的苏活区地图？这会有助于减少伦敦人的数量。如果路易斯·巴斯德放弃了对病原菌学说（germ theory）的研究，也许我们已经提前灭绝了。那些蔑视几个世纪以来的迷信并鉴定出导致谷物疾病的真菌的植物病理学家又是怎么回事呢？他们使得人类可以与糟蹋庄稼的锈病和黑穗病做斗争，并让现代农业养活了我们几十亿人。

科学是现代文明的核心，我们不会心甘情愿地放弃对自然界的持续探索和操纵。失去纯真[*]的坏处如今已显而易见，我们可以像狄兰·托马斯建议的那样燃烧咆

---

*　"失去纯真"本义是指《圣经》中夏娃偷吃禁果后，看到自己的裸体从而产生羞耻心，引申义则是获得知识后脱离蒙昧的状态。

哮*，或者考虑优雅地靠边。但是，无论发生什么，我们不能在不认识到科学发现的可怕代价的情况下继续拥护科学的纯粹性。"因为我觉得你的这次叛变像是人类之又一次堕落。"†（《亨利五世》，第二幕，第二场）

---

* "燃烧咆哮"出自英国诗人狄兰·托马斯（1914—1953）的诗作《不要温和地走进那个良夜》（巫宁坤译）："老年应当在日暮时燃烧咆哮；咆哮吧咆哮，痛斥那光的退缩。"

† 根据《圣经》，亚当与夏娃被赶出伊甸园是人类的第一次堕落。

参考文献 | 第九章

1 开场白改编自爱德华·吉本的《罗马帝国衰亡史》（New York, 1994）第四卷，第38章，第119页："一个城市的兴起最后竟然扩张成为一个帝国,这样奇特的现象,值得哲学家进行深入思考。但罗马的衰亡是伟大到达巅峰状况后，非常自然而且无法避免的结果。繁荣使腐败的条件趋向成熟，毁灭的因素随着征战的扩张而倍增。一旦时机到来，或是意外事件的发生移去人为的支撑，庞大无比的机构无法承受本身重量的压力而倒塌。这种毁败的过程非常简单而明显，让我们感到奇怪的并非罗马帝国为何会灭亡，而是帝国怎么能维持这样长久。"[*] 如果你能抽出时间阅读这部必须沉浸其中的六卷本杰作，吉本的言语将成为你一生的伴侣。

2 关于这些情况的更多信息可以在下列资源中找到: 全球变暖: https://climate.nasa.gov; 海水酸化: www.whoi.edu/ocean-acidification 和 http://nas-sites.org/oceanacidification/; 海洋塑料污

---

[*] 此处译文出自席代岳翻译的《罗马帝国衰亡史》（吉林出版集团有限责任公司，2011）。

染: www.sciencemag.org/tags/plastic-pollution；空气污染: www.who.int/airpollution/en；森林采伐: www.worldwildlife.org/threats/deforestation；草原退化: Karl-Heinz Erb et al., 'Unexpectedly Large Impact of Forest Management and Grazing on Global Vegetation Biomass', *Nature*, DLIII (2018), pp. 73-6；湖泊萎缩: Kate Ravilious, 'Many of the World's Lakes are Vanishing and Some May be Gone Forever', *New Scientist* (4 March 2016), 刊登于 www.newscientist.com/article/2079562；沙漠化: www.un.org/en/events/desertificationday；土壤流失: Pasquale Borrelli et al., 'An Assessment of the Global Impact of 21st Century Land Use on Soil Erosion', *Nature Communications*, VIII/2013 (2017)；人口预测: www.un.org/development/desa/en/news/population.

3 关于气候变化对生物多样性的威胁的综述: Rachel Warren et al., 'The Implications of the United Nations Paris Agreement on Climate Change for Globally Significant Biodiversity Areas', *Climatic Change*, CXLVII (2018), pp. 395-409；极端天气: www.ucsusa.org；干旱: S. Mukherjeee, A. Mishra and K. E. Trenberth, 'Climate Change and Drought: A Perspective on Drought Indices', *Current Climate Change Reports*, IV (2018), pp. 145-63；大型动物灭绝: Felisa A. Smith et al., 'Body Size Downgrading of Mammals Over the Late Quaternary', *Science*, CCCLX (2018), pp. 310-13；渔业损失: Qi Ding et al., 'Estimation of Catch Losses Resulting from Overexploitation in the Global Marine Fisheries', *Acta Oceanologica Sinica*, XXXVI (2017), pp. 37-44；昆虫减少: Caspar A. Hallmann et al., 'More than 75 percent Decline over 27 Years in Total Flying Insect Biomass in Protected Areas', *PLOS ONE*, XII/10 (2017), e0185809；植物减少: www.stateoftheworldsplants.com；微生物减少: S. D. Veresoglou, J. M. Halley and M. C. Rillig, 'Extinction Risk of Soil Biota', *Nature Communications*, VI/8862 (2015).

4 NASA 全球气候变化网站提供了更多信息：https://climate.nasa.gov/vital-signs/sea-level; 参见 the IMBIE Team, 'Mass Balance of the Antarctic Ice Sheet from 1992 to 2017', *Nature*, DLVIII (2018), pp. 219-22.

5 人类的起源比较复杂。有证据表明，现代人类是从多个智人群体进化而来，并与散布在非洲各地亲缘相近的人属物种交配。参见 Eleanor M. L. Scerri et al., 'Did Our Species Evolve in Subdivided Populations across Africa, and Why Does it Matter?', *Trends in Ecology and Evolution*, XXXIII/8 (2018), pp. 582-94.

6 S. Wynes and K. A. Nicholas, 'The Climate Mitigation Gap: Education and Government Recommendations Miss the Most Effective Individual Actions', *Environmental Research Letters*, XII (2017), 074024.

7 Thomas Malthus, *An Essay on the Principle of Population* (London, 1798).

8 Paul R. Ehrlich, *The Population Bomb* (New York, 1968). 在这本书出版后的半个世纪里，世界人口翻了一番。2009 年，Paul Ehrlich 和他的妻子、合著者 Anne Ehrlich 写道："也许《人口炸弹》最严重的缺陷是它对待未来过于乐观。"这一论断见于他们的文章 'The Population Bomb Revisited', *Electronic Journal of Sustainable Development*, I/3 (2009), p. 66.

9 在始新世时期，二氧化碳水平也急剧下降，将地球从温室变成了冰室。名为硅藻的海洋生物在始新世海洋中大量增加，可能是造成这种大气变化的部分原因。参见 David Lazarus et al., 'Cenozoic Planktonic Marine Diatom Diversity and Correlation to Climate Change', *PLOS ONE*, IX/1 (2014), e84857. 这些身着玻璃壳的微生物吸收二氧化碳并释放氧气，对地球变冷和供氧的贡献与陆地上的热带雨林不相上下。

10 最早的屠宰工具：Sonia Harmand et al., '3.3-millionyear-old Stone Tools from Lomekwi 3, West Turkana, Kenya', *Nature,* DXXI (2015), pp. 310-15; 带柄的抛射装置：Jayne Wilkins et al., 'Evidence for Early Hafted Hunting Technology', *Science*, CCCXXXVIII (2012), pp. 942-6; 弓箭：Kyle S. Brown et al., 'An Early and Enduring Advanced Technology Originating 71,000 Years Ago in South Africa', *Nature*, CDXCI (2012), pp. 590-93.

11 Frédérik Saltré et al., 'Climate Change Not to Blame for Late Quaternary Megafauna Extinctions in Australia', *Nature Communications*, VII (2017), 10511.

12 R. P. Duncan, A. G. Boyer and T. M. Blackburn, 'Magnitude and Variation of Prehistoric Bird Extinctions in the Pacific', *Proceedings of the National Academy of Sciences*, CX (2013), pp. 6436-41; Morten E. Allentoft et al., 'Extinct New Zealand Megafauna Were Not in Decline before Human Colonization', *Proceedings of the National Academy of Sciences*, CXI (2014), pp. 4922-7.

13 Smith et al., 'Body Size Downgrading of Mammals over the Late Quaternary'.

14 Nancy L. Harris et al., 'Using Spatial Statistics to Identify Emerging Hot Spots of Forest Loss', *Environmental Research Letters*, XII (2017), 024012.

15 Quirin Schiermeier, 'Great Barrier Reef Saw Huge Losses from 2016 Heatwave', *Nature*, DLVI (2018), pp. 281-2; Terry P. Hughes et al., 'Global Warming Transforms Coral Reef Assemblages', *Nature*, DLVI (2018), pp. 492-6.

16 Hallmann et al., 'More than 75 percent Decline over 27 Years'.

17 IUCN 濒危物种红色名录中收录的智人信息可访问：www.iucnredlist.org/details/136584/4313662.

第十章

Grace

感恩

人 类 如 何 谢 幕

能源生产和交通运输方面的创新，加上导致人口持续增长的农业和医学进步，迅速把我们带进了这个变暖的世界。这一危险后果是西方科学和工程学的产物，建立在弗朗西斯·培根的实验法原则之上，并将导致文明的崩溃和人类的最终灭绝。那么，对于这一令人痛心的结论，我们该作何反应？

　　若要预测末日，看上去可能的情况是，拥有任何一种享乐生活方式的人都会尽可能寻求长时间地维持现状，而在减少碳排放方面几乎不采取任何行动。如同18世纪的法国贵族，我们将一种漫不经心的社会风气发挥到了极致，沉湎于那些让我们感到最快乐的消遣。只要庆祝者能忍受炎热，就会有否认末日的节日。接下来不久，我们将远离喧闹的舞台和青春的欢愉，为可用的农田和淡水资源而战，围墙和栅栏将在大地上纵横交错，军队将被部署用于防止穷人的跨边境流动。

随着气温的上升，贵族们将以极地移民的身份寻求庇护，或者乘坐全副武装的远洋客轮启航。数以百万计的人将生活在地下城市以及任何能躲避阳光的地方。有关能吸收 10 亿吨二氧化碳的新方法这类令人眼花缭乱的报道将激起热情的涟漪，然后在下一个新闻周期中消散。渔业和农业将会崩溃，毒品将不会提供多少安慰，每个人最终都会蜷缩成胎儿的姿态，就像火山灰埋葬的庞贝受害者，在无法逃避的炎热中呜咽。随着时间的流逝和烟雾的升腾，出现这种结果的可能性越来越大。

在 21 世纪初的这些年里，否认地球遭到破坏的声音出现了令人惊讶的反弹，尽管针对地球炎热的机制和进程的多层次科学证据所提出的反对意见听上去越来越滑稽。[1] 当然，这并不意味着当谈到这一现象的紧迫性时，那些接受这一事实的人会达成共识。2017 年发布的一项调查显示，美国中西部的大多数玉米种植者认识到天气要比过去更难预测。[2] 他们做出的应对是减少耕作，种植最新的杂交作物，并实施其他战略来保护农田免受更频繁的干旱和洪水的影响。他们还增加了农作物保险。

不过，他们仍然相当冷静，认为气候变化可能不会对农场的盈利能力产生显著影响，人类的聪明才智会解决这些未来将要面临的挑战。在有生之年目睹了农业领域惊人技术创新的劳动人民持有这种乐观是可以理解的，甚至有迹象表明，预计短期内美国中部将出现更温暖潮湿的天气条件，这将有利于农作物的高产。[3]

别处农民的日子更艰难。印度的谷物种植者目睹了自己的生计以及对一个更加凉爽、潮湿的未来的希望在持续了几个夏天的炎热中化为泡影。[4]这些农民的自杀率上升了，我们已经具备在发展中国家制造精神卫生流行病的条件。加拿大北部的土著因纽特人社区和澳大利亚的麦农对生态破坏的反应没有那么强烈。[5]这两个群体都经历了区域气候的显著变化，这给他们的生活方式带来了重大改变。调查报告称，这些人口正体验着与其环境的物理变化相关联的"生态忧伤"，他们对未来感到绝望。

即使是那些并未感受到气候变暖影响的人，也替子孙后代感到严重的担忧。在美国，由于不能"稍微更确定地知道会有一个合理的世界让孩子继承"，越来越多的年轻女性表达了对生孩子的担忧。[6]每少生一个婴儿，就会少一个受苦的人、少一份碳足迹。抑制消费主义可能有助于改善环境前景，却遭到了我们的基因反抗——还有那么多的人继续相信生命的意义在于制造婴儿。我们对目前的情况似乎无能为力，很可能也的确如此。

作家罗伊·斯克兰顿总结说，我们已经跨过了卢比孔河*，技术性修复不太可能给地球降温，他建议我们"学着不是作为一个个体，而是作为一个文明去死"。[7] 按照类似的逻辑，加拿大医生亚历杭德罗·贾达德和默里·恩金在 2017 年的《欧洲姑息治疗期刊》上发表了一篇挑衅性的社论，建议我们将临终关怀的实践推广到整个人类文明。[8] 姑息措施包括进行必要的国际投资，以消除饥饿和为无家可归者提供庇护所，并承诺进入一个节俭的新时代。† 他们认为，由自然资源减少所引发的冲突，可以通过将军费转移给全球维和特遣部队来加以控制。对于一个从来没有在最好的情况下进行过合作的文明来说，这些行动看起来像是某种变通。诉诸民族主义——

---

* 卢比孔河是古罗马的一条界河。根据罗马共和国的法律，任何将领不得带领军队跨过卢比孔河进入罗马本土，否则会被视为叛变。公元前 49 年，凯撒打破这一禁忌，率领高卢军团跨过卢比孔河，随后取得了罗马的最高权力。这个事件标志着罗马从共和制向帝制转型的开始。

† 摘录世界卫生组织官方网站上的介绍信息：姑息治疗是一种提高面对与威胁生命疾病有关问题的患者（成人和儿童）及其家庭生活质量的方法。该治疗通过及早发现、正确评估并治疗疼痛及其他身体、社会心理或精神问题来预防并减轻痛苦。缺乏姑息治疗和控制疼痛是全球最严重的卫生不公平现象之一，仅有大约 14% 需要姑息治疗的人获得了这一治疗。

显而易见是自恋的一个例证——是我们人类更惯常的处理方式；而随着环境压力的增加，部落冲突也会增加。如果我们把人类推离自己想象的进化顶峰的位置，有没有可能即使在灯光熄灭的情况下，我们也能更好一点地相处呢？

为了论证在这个气候变暖的时代重塑人属的重要性，有必要重述一下本书的基本主题。我们生活在一个孕育了生命的"金发姑娘"星球上，它绕太阳运转了几十亿圈。动物是从在海洋中蠕动的类似精子细胞的微生物进化而来；大猿，也就是人科动物，出现于 2000 万至 1500 万年前；像我们这种名为人族动物的猿类更晚近才出现在非洲，而骨架纤细的现代人类则在不到 10 万年的时间里四处阔步行走。植物从二氧化碳和阳光的能量中装配它们的组织，我们通过吃它们和吃以水果蔬菜为食的动物的肉来获得能量。消化系统释放出来自我们所吃食物的小分子，这些小分子通过血管运转到全身各处，以维持每个细胞的生存。还有一本杂乱无章的说明书对人体的构造和操作进行了详细说明，这本说明书上写着 2 万个基因，点缀在总长 2 米的 DNA 上。建造人体需要耗时 9 个月，包括给一个大脑袋安装线路，它会赋予主人一种自我感和自由意志的错觉。身体的衰老是不可避免的；大约几十年后，这个动物会停止运作并开始腐烂。

灵巧的身体与脑力的结合使得人类能够操纵环境来满足自己的需要，其他物种都不具备这种有意识的能力。手是至关重要的：那些有鳍和鳍状肢的高智能动物没有能力改造它们的环境。在很短的时间内，科学和工程学的进步为人口的迅速增长提供了支持，并通过燃烧化石燃料让现代生活变得奢侈，相伴而生的大气变化则导致地球表面变暖。

类似的事情或许已经在整个宇宙到处上演过。如果生命已经在其他星球上进化出来，也许有的外星人已经发展出相当于或超过我们的勤奋所能做到的技术的复杂水平。恩里科·费米问道，那为什么一切都这么安静："大家都在哪儿？"1950年，费米在新墨西哥州洛斯阿拉莫斯国家实验室的午餐时间提出了这个问题（或者很接近于此的问题）。[9] 爱德华·泰勒也坐在同一张餐桌上。这个故事具有惊人的讽刺意味。* 费米是"原子弹之父"，泰勒后来则成为"氢弹之父"。[10] 如果费米把抖包袱的

---

* 费米提出的这个问题引出了下文的"大寂静"：我们通过各种方式估算出地外文明存在的可能性很大，但事实上我们却没有地外文明存在的任何证据，这两者间的明显矛盾具有讽刺性，又称"费米悖论"。

　　　　　　　　　　　　　　　自私的人类

时机安排得更好，他应该在接应自己的提问时看着泰勒，睁大眼睛说："啊，是的，当然！"

宇宙的寂静（*silentium universi*），又称大寂静（Great Silence），存在许多解释，而物理学家费力地运用德雷克公式来估算与外星人接触的可能性。[11] 计算的变量包括形成恒星的速率（R^*）和外星文明生产出可探测信号所需的时间长度 L 等。发展核武器可能是限制 L 的一种流行方式，但我敢打赌，对外星人来说，通过焚烧化石自杀是更常见的结局。

我想外星人教室里的孩子们会学到一个普遍规律，即任何生命形式只要发展出自我灭绝的技术，就会在短时间内灭绝自我。在这个过程中有几个步骤，可以与癌症的发展阶段——从病灶仅在一处的第零期到癌细胞扩散到其他器官的第四期——相媲美。正如我们在第七章遇到的克里斯托弗·希钦斯在生病期间所写的那样，"第四期的问题是，没有第五期这回事"。作为一个物种，我们已经在第四期徘徊了超过 10 万年。泽塔星球 [*] 上的老师问道："人类在地球上还能活多久？" 教室里的孩

---

[*] 在神秘学中，泽塔星球是指位于网罟座 ζ（又称泽塔双星）系统的一颗行星，距离地球约 39 光年，被认为是地外生命小灰人的故乡。由此产生了一些科幻小说和电影创作。但事实上，科学观测发现网罟座 ζ 根本就没有行星，也就不存在泽塔星球，作者此处是在调侃。

子们纷纷热情地举起了面条状附肢。[12]

　　每一代人都在减少能留给后代的收益方面发挥着自己的作用。如果在 20 世纪 70 年代的我劝告我的父亲上班不要开阿尔法·罗密欧轿车，应该改骑骡子，这会很荒谬；而到了现在，既然开车造成的大气变化很明显，我们至少可以试着拼车，但这与资本主义的个人控制欲背道而驰。当我们考虑到破坏已经造成，现在停止排放所带来的任何好处在之后几十年内都不会感受到时，遏制碳排放的想法也是令人泄气的。[13] 有些网络评论员知道，即使现在停止所有的碳排放，地球也会继续变暖。于是，他们对此做出回应，说最好的办法是坚持排到底，如吉姆·莫里森所言，"在整个茅房起火之前"尽情享受；从而摧毁人类，让地球在我们缺席的情况下重新启动。[14]

　　自然界的其他生物将庆祝我们的离开。如果外星人用麦克风对准地球，就会探听到最近几千年来持续增加的动物惊叫声：在体育场、斗牛场和熊坑里遭受仪式化折磨的动物发出的呻吟和咕噜声逐渐增强，追加的音量则来自现代对猫、啮齿类和灵长类动物的活体解剖——极度惊恐的动物被绑铐在椅子上，受到各种仪器探测，这会耗尽天主教审判者的色情创造力。哲学家叔本华说："人生若不以**承受苦难**为当下的直接目标，我们的存在则定然全无目的。"[15] * 今天，这些恐怖做法的辩护理由包括善待动物的经济负担和进行实验的医学必要性。我们一如既往地倚仗于令人震惊的狂妄自大，这一直是我们的特点。

这种对其他动物缺乏共情的想法有悖于我们本能地热爱自然的观念，即"亲生命性"（biophilia）。哈佛生物学家 E. O. 威尔逊普及了"亲生命性"这一概念，他认为我们保持了在与非洲草原上的野生动物进行史前接触时感受到的共情。[16] 然而，这种行为的证据并不存在，这个概念也没有任何进化意义。[17] 人类对自然界的友善程度，就如我们对它的破坏所显示的那样。每个喜欢在小溪里翻动卵石的孩子都有一个这样的朋友，后者一看到青蛙或挥舞着钳子的小龙虾就会惊恐地退缩。[18] 如果说有什么是本能的话，那就是追逐和杀戮的倾向。博物学的教育项目可以奇迹般地重塑儿童的行为，否则他们可能会成为终生的生物恐惧症患者；但只要有其他分心的事情可做，更多孩子会无视观鸟的魅力。

野生动物纪录片的制片人助长了数十年的一厢情愿，以为自己的节目可以挖掘对自然界的神秘敬畏，帮

---

*　此处译文出自张锐翻译的《悲观论集》（外语教学与研究出版社，2012）。

助拯救地球。在电视上体验热带雨林的壮丽景象让我们兴奋不已，节目结尾的简短片段显示伐木卡车在尘土飞扬的道路上呼啸而过则让我们感到难过。做得更好的动物园以类似的方式接待游客，基于动物的娱乐价值展出它们，并在栅栏或玻璃上附上说明标签，列出它们的濒危级别。孩子们对着大猩猩尖叫，享受着冰激凌，然后坐车回家。关于动物园激发了人们对动物保护的持久热情的证据是站不住脚的。[19]

保育生物学家可能会对其他形式的生命产生共情，但是，他们对地球的破坏几乎与他们患有生物恐惧症的邻居一样多。各处的慈善捐款也不会改变什么，太阳能电池板和电动汽车不过是给地球的葬礼装饰品。其中的困难之一是，过着现代简单生活方式的我们被动地给地球造成了最大的创伤。约翰·列侬说："生活就是当你忙于制订其他计划时发生在你身上的事情。"气候变化也是如此。在等待戈多时，爱斯特拉冈说："我不能再这样下去了。"弗拉基米尔回应："这是你的想法。"[20] *

---

* 《等待戈多》是爱尔兰荒诞派剧作家塞缪尔·贝克特（1906—1989）的代表作，表现的是一个"什么也没有发生，谁也没有来，谁也没有去"的故事，爱斯特拉冈和弗拉基米尔是剧中两位主角。作者此处引用这段对白是一种黑色幽默：虽然爱斯特拉冈觉得要改变现状，但那只是他的想法，基于现状的生活照样继续，就如同列侬所定义的生活，就如同气候变化难以阻挡。

人类的自私自利让我们陷入了生物圈崩溃的危险境地中。身处这一历史关头就是身处一个不受待见的独有位置，就像公元79年恰好住在维苏威火山附近的罗马人的窘境。在14世纪目睹大瘟疫的人也同样感受不到一丝希望。*像我一样，这场瘟疫中浑身脓肿的受害者相信他们面临的是文明的终结，也是他们自己的死亡，但至少现在的我们将不必担心永远的天谴。†面对这种令人震惊的局面，或许我们最终会克服根深蒂固的自恋。无论是名人还是农民，没有什么能拯救你，将来也没有人会在这里惦记你的遗产。你可能卖出了数百万本书或者专辑，体育场里挤满了欣赏你运动英姿的粉丝，但很快就没有人会在意你了。

感恩——我的意思是对有意识的人生体验和我们短暂地融入自然界的感谢——似乎是最舒缓身心的做法。在埃斯库罗斯的《阿伽门农》‡中，阿耳戈斯长老们的领队说："高贵地赴死会让人得到一些恩典。"[21] 这话是

---

* 前一句是指维苏威火山爆发摧毁了庞贝等古罗马城市，后一句是指中世纪欧洲流行的黑死病夺走了几千万人的生命。

† "永远的天谴"（eternal damnation）典出英王钦定本《圣经·马可福音》，其他《圣经》版本多作"永远的罪"（eternal sin），意为下地狱。

‡ 《阿伽门农》是古希腊悲剧作家埃斯库罗斯（公元前525年—前456年）的代表作，讲述阿耳戈斯的国王阿伽门农率大军侵略特洛伊，历经10年围城征战，带着女俘卡珊德拉胜利归来，最终双双被王后设计杀害的神话故事。

说给意识到自己将被谋杀的卡珊德拉听的。在面对一个人的死亡时，总是要像这样做一些感恩的表达。文明正在走向灭亡，如果我们接受这一点，那么感恩的价值就不应该受到轻视。我们现在对自然界这场盛大嘉年华的关注点应该有所不同：正视我们所干的糟心事。承认这些错误，我们就获得了一些解脱感，即使我们的受害者是整个自然界，而我们自己也在受害者之列。

在《失乐园》中，夏娃开始将死亡理解为对她堕落的惩罚，于是她建议与亚当做个约定："我们为什么要在恐惧之下久久地战战兢兢？"（第十卷，第1003行）她为自己和他们未来的后代感到恐惧，并认为自杀将带来惩罚的终结，"如果这样，'死亡'就将令他的胃口感到失望，就不得不用我们两个满足他饥饿的肠胃"（第990—991行）。最终，人类的第一对夫妻还是选择接受强加给他们的惩罚，同时继续准备成为父母。亚当和夏娃遵照了他们的规划。我们正在效仿他们的做法，不能或不愿改变方向。在天塌下来之前，我们中的任何人所能做的最好的事情就是更友善地相互对待，并人道地对待自然界的其他生物，它们正在这个水汪汪的星球上与我们一起受苦。谁知道呢，如果我们变得更好，也许大千世界会继续运转，比我们所期望的时间更长。

参考文献｜第十章

1　Jean-Daniel Collomb, 'The Ideology of Climate Change Denial in the United States', *European Journal of American Studies*, IX/1 (2014). 这篇论文回顾了一些美国气候变化否认主义的意识形态基础。

2　A. S. Mase, B. M. Gramig and L. S. Prokopy, 'Climate Change Beliefs, Risk Perceptions, and Adaptation Behavior among Midwestern U.S. Crop Farmers', *Climate Risk Management*, XV (2017), pp. 8-17; J. E. Doll, B. Petersen and C. Bode, 'Skeptical but Adapting: What Midwestern Farmers Say about Climate Change', *Weather, Climate and Society*, IX (2017), pp. 739-51.

3　B. Basso and J. T. Ritchie, 'Evapotranspiration in High-yielding Maize and Under Increased Vapor Pressure Deficit in the U.S. Midwest', *Agricultural and Environmental Research Letters*, III (2018), 170039. 其他研究表明，在较温暖的条件下，玉米、大豆和小麦的产量持续下降 : Bernhard Schauberger et al., 'Consistent Negative Response of U.S. Crops to High Temperatures in Observations and Crop Models', *Nature Communications*, VIII (2018), 13931.

4 Tamma A. Carleton, 'Crop Damaging Temperatures Increase Suicide Rates in India', *Proceedings of the National Academy of Sciences*, CXIV (2017), pp. 8746-51. Carleton 的研究招致一些批评，她在一篇详细回复中为自己的工作辩护: T. A. Carleton, 'Reply to Plewis, Murari et al., and Das: The Suicide-temperature Link in India and the Evidence of an Agricultural Channel are Robust', *Proceedings of the National Academy of Sciences*, CXV (2018), pp. e118-21. 对气候变化影响儿童心理健康的普遍关注是由下文引发的: H. Majeed and J. Lee, 'The Impact of Climate Change on Youth Depression and Mental Health', *Lancet Planetary Health*, I (2017), e94-5.

5 A. Cunsolo and N. R. Ellis, 'Ecological Grief as a Mental Health Response to Climate Change-related Loss', *Nature Climate Change*, VIII (2018), pp. 275-81.

6 Maggie Astor, 'No Children Because of Climate Change? Some People Are Considering It', *New York Times* (5 February 2018); 这句令人心碎、引发弥尔顿式共鸣的感伤引语出自下面这篇文章的读者线上留言: Madeline Davies, 'With Environmental Disasters Looming, Many Are Choosing Childless Futures', 5 February 2018, www.jezebel.com.

7 Roy Scranton, *Learning to Die in the Anthropocene: Reflections on the End of Civilization* (San Francisco, CA, 2015), p. 21.

8 A. R. Jadad and M. W. Enkin, 'Does Humanity Need Palliative Care?', *European Journal of Palliative Care*, XXIV (2017), pp. 102-3.

9 Eric M. Jones, 'Where Is Everybody?', *Physics Today*, XXXVIII (1985), p. 11.

10 以防你需要提醒: 原子弹是通过核裂变运作的，氢弹则通过将裂变和聚变反应相结合来获得额外的爆炸力。在原子弹中，常规化学炸药的引爆会迫使铀或钚的放射性原子聚集在一起，使

自私的人类

得它们随着热量和伽马射线的释放而分裂成更轻的元素。氢弹或热核武器则使用这种类型的裂变反应来引发次级聚变反应，从而释放出更多的能量。

11 David C. Catling, *Astrobiology: A Very Short Introduction* (Oxford, 2013).

12 无意对飞天面条神教 *的信徒不敬，参见 www.venganza.org.

13 Christiana Figueres et al., 'Three Years to Safeguard Our Climate', *Nature*, DXLVI (2107), pp. 593-5. 这篇挑衅性评论的作者提出了 2020 年的目标，即允许我们将全球变暖幅度限制在工业化前水平以上 1.5℃之内。这是 2015 年《巴黎协定》设定的临界值。

14 令人难忘的吉姆·莫里森的话出自他的诗 *American Night*，他在大门乐队的专辑 *An American Prayer* (Elektra/Asylum Records, 1978) 中念过这首诗。

15 Arthur Schopenhauer, *Studies in Pessimism: A Series of Essays by Arthur Schopenhauer*, trans. T. B. Saunders (St Clair Shores, MI, 1970), p. 11, 引文中的强调是原文所有。在《米德尔马契》中，乔治·艾略特写道，听到世界上的苦难就像听到"沉寂无声的地方突然出现了震耳欲聋的音响"。†

16 "亲生命性"这个术语是 Erich Fromm 在 *The Anatomy of Human Destructiveness* (New York, 1973) 中 创 造 的。E. O. 威 尔 逊 在

---

* 所谓飞天面条神教是发起于美国的一种带有恶搞性质的社会运动，其信徒主张世界是由一个长着许多"面条状附肢"（本书作者语）的飞行怪物创造的，以此讽刺某些宗教教派主张的智能设计论，并且反对在公立学校教授智能设计论。

† 此处译文出自项星耀翻译的《米德尔马契》（人民文学出版社，2018）。艾略特（1819—1880）是英国作家，其代表作《米德尔马契》以 19 世纪 30 年代的英国乡村为背景，描写了众多人物，并借此展现了一幅社会图景。

Biophilia (Cambridge, MA, 1984) 中普及了这个概念。

17 Ryan Gunderson, 'Erich Fromm's Ecological Messianism: The First Biophilia Hypothesis as Humanistic Social Theory', *Humanity and Society*, XXXVIII (2014), pp. 182-204.

18 威尔逊试图扩展"亲生命性"的定义，将天生厌恶自然这一项纳入，以此来对付反对意见。这就像把对英国和英国人的厌恶强加到"亲英"（Anglophilia）一词的含义中一样荒谬。对亲生命性的详细批评参见：Y. Joye and A. de Block, '"Nature and I Are Two": A Critical Examination of the Biophilia Hypothesis', *Environmental Values*, XX (2011), pp. 189-215.

19 Eric Jensen, 'Evaluating Children's Conservation Biology Learning at the Zoo', *Conservation Biology*, XXVIII (2014), pp. 1004-11; Michael Gross, 'Can Zoos Offer More Than Entertainment?', *Current Biology*, XXV (2015), pp. R391-4.

20 Samuel Beckett, *Waiting for Godot: A Tragicomedy in Two Acts* (New York, 1954), Act II, p. 61.

21 Aeschylus, *The Oresteia, trans.* Robert Fagles (London, 1984), p. 50.

致　谢

我感谢戴安娜·戴维斯（Diana Davis）和朱迪思·莫尼（Judith Money）阅读了本书各章的初稿，并着重指出了其中需要进一步阐释的部分。诗人兼编剧扎克·希尔（Zack Hill）是我的首席语法专家和对我最有帮助的批评家。反应图书公司（Reaktion Books）的迈克尔·利曼（Michael Leaman）的支持对我而言很重要，比我通过电子邮件已经表达过的意义还重要。他属于所有猿中最不自私的那一类。

图书在版编目（CIP）数据

自私的人类：人类如何避免自我毁灭 /（英）尼古拉斯·P. 莫尼著；喻柏雅译. — 北京：北京联合出版公司, 2021.8

ISBN 978-7-5596-5362-8

Ⅰ. ①自… Ⅱ. ①尼… ②喻… Ⅲ. ①生物学—普及读物 Ⅳ. ① Q-49

中国版本图书馆 CIP 数据核字 (2021) 第 112822 号

自私的人类：人类如何避免自我毁灭

作　　者｜[英]尼古拉斯·P. 莫尼
译　　者｜喻柏雅
出 品 人｜赵红仕
选题策划｜好·奇
策 划 人｜华小小
责任编辑｜管　文
封面装帧｜@吾然设计工作室
内页制作｜青研工作室
投稿信箱｜curiosityculture18@163.com

北京联合出版公司出版
（北京市西城区德外大街83号楼9层100088）
北京联合天畅文化传播公司发行
天津丰富彩艺印刷有限公司印刷　新华书店经销
字数105千字　889毫米×1194毫米　1/32　6.75印张
2021年8月第1版　2021年8月第2次印刷
ISBN 978-7-5596-5362-8
定价：58.00元